识英

北航校史小故事

北京航空航天大学
档案与文博馆 / 主编

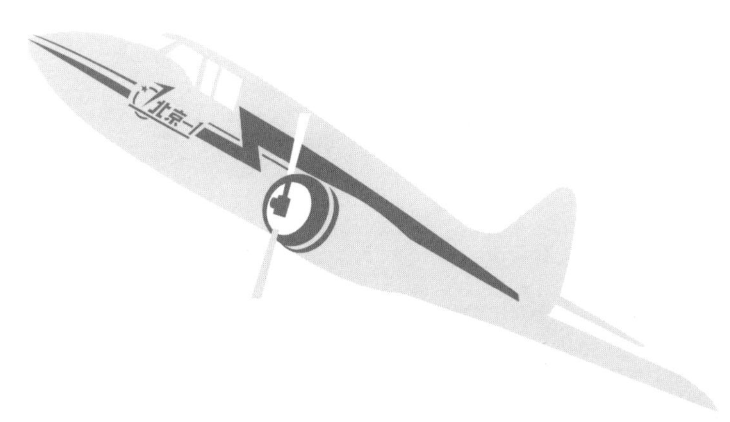

人民日报出版社
北 京

图书在版编目（CIP）数据

航路识英 / 北京航空航天大学档案与文博馆主编 .
-- 北京 : 人民日报出版社 , 2022.8
ISBN 978-7-5115-7394-0

Ⅰ . ①航… Ⅱ . ①北… Ⅲ . ①北京航空航天大学－校史 Ⅳ . ① G649.281

中国版本图书馆 CIP 数据核字 (2022) 第 112977 号

书　　名：**航路识英**
HANGLU SHIYING
主　　编：北京航空航天大学档案与文博馆

出 版 人：刘华新
责任编辑：程文静　杨晨叶
装帧设计：元泰书装

出版发行：人民日报出版社
社　　址：北京金台西路 2 号
邮政编码：100733
发行热线：（010）65369509 65369512 65363531 65363528
邮购热线：（010）65369530
编辑热线：（010）65363530
网　　址：www.peopledailypress.com
经　　销：新华书店
印　　刷：大厂回族自治县彩虹印刷有限公司
法律顾问：北京科宇律师事务所 010-83622312

开　　本：889mm×1190mm　1/32
字　　数：135 千字
印　　张：7.375
版　　次：2022 年 8 月第 1 版
印　　次：2022 年 8 月第 1 次印刷

书　　号：ISBN 9978-7-5115-7394-0
定　　价：39.00 元

北航校训

德　才　兼　备　　知　行　合　一

编委会名单

主　编：支媛媛　张　露

副主编：佟　杰　赵一娜　郑　婷

编　委：薛岩晗　朴悦嘉　孙　岩

前　言

柏彦故地，巍巍学府。春秋代序，峥嵘航路。1952 年 10 月 25 日，由中国共产党创办的第一所航空航天高等学府——北京航空学院成立。70 年来，北京航空航天大学始终坚持听党话、跟党走，传承红色基因，建设中国特色世界一流大学；始终坚持为党育人、为国育才，培养堪当民族复兴重任的领军领导人才；始终坚持服务国家、为国铸剑，突破关键核心技术，打造国之重器，淬炼形成了“爱国奉献、敢为人先、团结拼搏、担当实干”的空天报国精神。

20 世纪 90 年代初期，北京航空航天大学在校内广泛征集我校各个方面的历史资料，收到了许多位老先生的投稿，但因某些原因，这些资料当时整理后只作为内部资料进行了留存。值此北航建校 70 周年之际，我们对这些历史资料进行了筛选、整理，精选出 20 篇有代表性的文章，并在原有文章的基础上增添了作者简介、同时对部分文字予以修订更新，进而形成了《航路识英——北航校史小故事》这本书。本书所涉文章内容仅代表作者本人观点，请大家在阅读本书的同时，以客观公正的心态加以研读。

通过本书我们可以看到建校元老对北航成立前后中国航空教育的历史性回忆，奋战在教学一线的学者教师对人才培养的不断尝试，创造新中国航空史上数个第一的总师组长对科研型号的艰苦探索，管理服务岗的前辈对学校历史沿革、专业设置、组织管理的经验总结，也可以让北航传统的航模项目带我们领略北航学子丰富多彩群体活动、校园文化。我们希望通过前人的笔触，让更多的师生校友了解到北航不同方面的历史情况，引起读者对北航人空天报国精神的深入思考。

以史为镜、以史明志、知史爱党、知史爱国。新时代、新征程，希望广大师生校友以此为契机，将光荣传统和红色基因传承好，以服务国家为最高追求，传承弘扬好空天报国精神，为全面建成社会主义现代化强国贡献北航力量！

目　录

回忆华北大学工学院航空系

王俊奎

王俊奎（1908.4—1998.5），山西广灵人，1934 年毕业于北京大学数学系。1936 年留学美国加州理工学院，师从世界著名流体力学家冯·卡门（Von Kármán），于 1937 年和 1938 年先后获机械工程和航空工程双硕士学位。1938 年考入美国斯坦福大学，师从世界著名固体力学家铁木辛柯（Timoshenko）于 1940 年获航空工程博士学位。北京航空航天大学建校元老，参与组建北京航空学院的八所院校航空系科领队之一，我国著名固体力学家、航空工程教育家。

华北大学原是解放区的一个革命大学，新中国成立后搬迁到北京。这个大学的文法经济各专业被分出去，成为后来的中国人民大学，剩下的工学院当时被叫作华北大学工学院。华北大学工学院在原中法大学旧址——东黄城根，院长是曾毅，后任中国科技大学副校长，曾赴法国留学，攻读数学，也是老解放区干部。

1949 年，北京解放，次年教育部召开了全国各大学航空系负责人会议，我以北京大学航空系主要筹备人的身份参加。在会中，教育部宣布各大学航空系将要合并成立航空院校；现在筹备的航空系不要再筹备了，并且教师冻结，不许变动。有趣的是，这年冬季，组织上让我放弃北京大学机械系系主任职务，调到华北大学工学院担任航空系系主任。当时我有些不理解，在见到院长曾毅后，他说，上级同意我院成立航空系，进一步又说不管哪一个大学的教师，只要愿意来，都可以调来，在待遇上可以提升一级。因此，优秀的教师，从国内和国外接踵而来，不到一年工夫，空气动力学、固体力学、发动机、电气仪表等几个专业方面的教师，基本上配齐了。空军的工作人员又从上海、南京等地调了一批航空器材，当时航空实验室的设备，只要国内有，就可以要来，经费也可以说是比较充足的。这时人们说，华北大学工学院与其他大学不同，是一所新型大学。有一次在教育部召开各大学航空系会议时，空军的领导建议，在华北大学里再成立一个航空学院，从当时学校的处境和社会上的支持来说，可谓盛极一时。

1952 年，全国高等院校进行了调整，这时，四川大学航空系、云南大学航空系、西南工专航空系的全体师生，都搬迁到华北大学工学院，住在东黄城根和车道沟两处地方，四个航空系融合在一起叫作北京航空学院的二部[1]，我担任二部主任，程九柯担任副主任。几个月后，又把东黄城根这一部分叫作二部，车道沟那一部分叫作三部，由我和程分担二部和三部的主任。1952 年秋，在举行北京航空学院成立典礼时，郭沫若等领导同志参加，从此华北大学工学院的航空系与其他七个航空系一样，不再单独存在。

附：

华北大学工学院教师名单

王俊奎、吴礼义、文传源、崔济亚、黄克累、

常荣福、曹金涛、李寿同、田培业、徐鑫福、

史超礼、罗德伟、厉声林、宋懿昌、许建钺、

王宝舆、赵元恺、杨国柱、李元正、郑兴人、

1　北京航空学院成立初期没有校舍，师生处于分散借居状态，部分住在清华大学（一部），部分住在北京工业学院城内部分（二部），部分住在北京工业学院西郊分部（三部）。

过鼎成。

四川大学航空系教师名单

饶国璋、赵世诚、晏砺堂、徐碧宇、黄公明、王德昭、詹承禹、舒德坚、施振东、金芝英、潘孝禄、刘方杰、王元彬。

云南大学航空系教师名单

王绍曾、凌云沛、蒋建敏。

西南工专航空系教师名单

张锡圣、王永浩、黄少颜、欧阳钦、马宗详。

回忆清华大学创建航空工程系时期

宁　榥

宁榥（1912.8—2002.12），北京人，1936 年毕业于清华大学机械系，1940 年获英国牛津大学科学硕士学位。北京航空航天大学建校初期教授，我国著名航空发动机和工程热物理专家。

1934年秋，清华大学机械工程系已有相当规模。机械馆、实验室、发电厂、金工厂及各种机器、仪表，设备齐全。教授及教师有庄前鼎、李辑祥、刘仙洲、王士倬、褚士荃、毛韶青、金希武、张捷迁、曹国惠、董树屏、葛祖彭、戴中孚。清华校风是严格要求、自强不息。学习课程是“师傅领进门，修行在个人”，上课、做实验、考试，生活紧张而规律。到三年级开始成立航空工程组，第一班有下列10人：宁榥、方俊鋆、盛健、杜宗正、李登梅、岳劼毅、王修琛、吕凤章、李绍威、方俨。

校长梅贻琦、工学院长顾毓秀、机械系主任庄前鼎等人积极筹建航空工程系，并开始建筑航空馆。Von Kármán应聘来清华讲学，未到前先派大弟子Wahenddorf来给我们讲空气动力学。考取1936年清华公费留美的钱学森在出国学航空工程之前，曾来清华机械系学习。新回国的冯桂连教授讲授*Aircrafts and Engines*（Chatfield and Taylor著）；及*Applied Aerodynamics*（K. D. Woods著）；指定参考Durand编六大本黑皮书（流体力学）。

1935年春，我们搬进新航空馆上课，做设计。新聘教授殷文有讲*Airplane Structures*（Niles Newell著）。史久荣教授讲*Automobile Engines*（Consoliver著）。

冯桂连、张捷迁指导我们分工设计出当时国内第一座椭圆截面回流式风洞，安装在航空馆楼下，后又在南昌建造钢筋水泥式大风洞。冯桂连曾设计制造了一架滑翔机。为了学生实习，学校买了一架德国下单翼教练机，发动机是 Siemens Halski 气冷五缸活塞式，但我们做飞机设计是钢管桁架蒙皮式，要验算负荷及应力分析。暑假我们曾去杭州笕桥中美飞机制造厂实习，装配 Northrop 铝皮，下单翼飞机；又去笕桥航校实习，装配修理 kinner 发动机，并搭乘 Fleet 小飞机在杭州上空飞行一圈。这是我们学航空的第一次体验飞行。

1935 年，日本侵略者扶植汉奸，割裂我国领土。“一二•九”运动要求抗日，振奋人心。军警包围清华大学，搜捕进步同学，更激起爱国义愤。后来许多同学参加了抗日先锋队成为革命领导骨干。

1936 年春末，清华大学已准备撤离华北，把贵重图书、仪器及设备，分批运往武汉，后转运长沙，我们设计装好的风洞也被拆卸运走了。后来这座风洞运往昆明白龙潭清华航空研究所，抗日胜利后留在昆明送给云南大学了。

1936 年 6 月，我依依不舍地离开清华大学，走向工作岗位。至此，清华大学航空系已有一年半的历史了。

上海交通大学及杭州大学、浙江大学比清华大学稍迟些也都开办了航空工程系。

云南大学航空工程系概况

王绍曾

王绍曾（1912.12—1997.3），河北高阳人，1935 年毕业于中法大学物理系。1938 年获得法国里昂大学理学硕士学位，同年转入法国国立高等航空工程学校学习，1941 年获得该校航空工程师学位。北京航空航天大学建校元老，参与组建北京航空学院的八所院校航空系科领队之一，我国著名的航空教育家。

云南大学航空工程系是1944年成立的，在云大工学院与机械工程系、铁道工程系同时成立。

云大航空工程系成立的第一年只有教师柳灿坤一人（兼系主任，20世纪20年代在比利时学航空工程），1945年增聘专职教师王绍曾及兼职教师郭佩珊（曾在国民党空军第十修理厂任职，中共地下党员，1948年用云南大学借调的方式，离开国民党空军）。以后又陆续聘请专职教师凌云沛、谭秀群、陈逎隆、丁发辉、陈尚文、赵重哲（朝鲜籍，原在美国学航空，后来中国工作，在韶关飞机厂任职，后又委聘来云大航空工程系任教，朝鲜解放后回国）、蔡光俊、郭景纯、饶子范、华世钧，教学力量逐渐增强。1948年暑假，第一期学生毕业，毕业生蒋建敏、王卓凡、董宝臧留校任助教。蒋建敏作为交流助教曾到清华大学航空工程系工作两年，1950年返回云南大学。1951年院系调整时，航空工程系的教师有的已离校，有的因家庭关系，申请留在昆明转入机械工程系工作，而未随系迁往成都。

云大航空工程系从1944年成立到1951年迁并，存在了7年，是在经费极度困难的状态下度过的，几乎没有什么专门经费从事实验室建设。为了得到一些教具，只有设法找免费调拨的路子。云南大学当时收集航空器材有两个有利条件：一是美空军从昆明撤走时留下了一批未经完全破坏的器材；二是航空工程系兼职教师郭佩珊在第十修理厂任修造课课长，通过他给学校调集了不少航空器材，供教学用。国民党的第一飞机制造厂原来在昆明，从这个厂也能调到一些器材和图纸材料。

建立实验室的第一步计划是建立陈列室，进行直观教学和拆装实习，同时开展一些飞机仪表方面的简单实验。

云大航空工程系有一座简易的二层楼为专用教室和仪表实验室。并且建造了一个约500平方米的简易机库，陈列飞机和部件；利用一座约250平方米的厂房作为发动机陈列室，并作为学生进行发动机拆装实习的场所。收集到的航空器材，在飞机方面有：层板缠绕式木质机身一个（第一飞机制造厂研制的），美制四座游览机一架，美制P-47战斗机一架，美制双座直升机两架，其中一架完好，可以飞行，此外还收集了一些飞机旧部件；发动机方面有美制Wasp、Allisom、R-2600、R-2800，还有两台完好的英制Hercules Ⅲ型套筒式活塞发动机，是从一架坠落在我国云南境内的英国飞机上拆下来的，发动机取下时状态完好，是国内仅有的套筒式活塞发动机标本；仪表设备方面，除一般航空仪表和一些航空无线电器材外，郭佩珊教授暗中从第十修理厂调集整套较新的轰炸瞄准仪，很有参考价值。

1946年西南联大复员，设在昆明北郊白龙潭的闭式风洞，经庄前鼎先生手，移交给云大航空工程系。云大航空工程系接收这座风洞后，派赵重哲教授驻守那里负责维护，但限于人力物力未能发挥作用，1951 年院系调整时将动力部分拆运成都。

几年间，航空工程系积累了一些中外文专业图书资料，有学校出钱购买的，也有校内外人士（包括华侨）捐赠的，主要是外文专业书籍，在那个时期中文专业书很少。

云南大学理学院的基础较好，教师阵容较强，工学院各系的数学、物理、化学等基础课的教学由理学院教师承担，教学效果一直是比较好的。语文、外语等课由文学院教师承担。机械制图、应用力学、水力学、材料力学、工程材料、工程热力学等课的教学由工学院各系分担。有关航空工程的专业课和大部分专业基础课由航空工程系自己开设。关于航空工程系学生在本科四年中学习的课程详目，由凌云沛同志撰写专门材料。

我根据回忆，记录了云南大学航空工程系从成立到迁并 7 年间的概况。事隔 30 余年，很多事情难以追忆，所提情况，挂一漏百，在所难免。仅供参考用。

附：原云南大学航空工程系课程表

凌云沛

（摘自《国立云南大学一览》民国36年（1947年）12月，

原件存云大校长办公室档案）

一、云大工学院共同必修课目及学分数

科目 \ 学期 \ 年级	一		二	
	上	下	上	下
国文	2	2		
外文	3	3		
算学	4	4		
三民主义	2	2		
伦理学			3	
物理学	4	4		
化学	4	4		
应用力学			4	
材料力学				4
经济学			3	
投影几何	2			
工程图		2		
工厂实习	1	1		
合计	22	22	10	4

二、原航空工程系必修课目及学分数

年级 科目　学期	二		三		四	
	上	下	上	下	上	下
工程材料	2					
机动学	3	2				
热工学		4	3			
机械画	2	1				
微分方程	3					
金工	1	2				
测量		2				
水力学		3				
机械原理设计			3			
机械设计绘图			3			
热工试验			2			
电工学			3	3		
材料试验			1			
内燃机				3		
飞机结构				3		
空气动力学				3		
飞机结构及修理				3		
电工试验				1		
飞机发动机					3	
毕业论文					1~2	1~2
合计	11	14	15	16	4~5	1~2

三、原航空工程系必选修课目（偏重飞机发动机者可选不同课目）

科目 \ 年级/学期	二 上	二 下	三 上	三 下	四 上	四 下
航空仪器及设备					2	
空气动力学（二）（三）						6
飞机设计（一）（二）						8
飞机结构（二）（三）						6
飞机修造实习					2	
冶金及金相				3		
引擎动力学					3	
飞机发动机（二）						3
发动机设计（一）（二）						8
发动机修理实习					2	
燃料及滑油						3
工业化学					3	
工业管理						3
风洞及引擎试验						2

注：（1）课堂讲授每周一学时为一学分，实习、制图、课堂作业性质的课每周三学时为一学分。（2）必选课的时间实际安排可能与此表略有出入、例如：我记得我所讲授的空气动力学（二）（三）是分摊在四年级上下两学期，每学期3学分，共6学分。

原航空工程系学生入学时及毕业时人数表

（根据云大教务处档案中历年学生名册摘抄统计，1983 年 11 月 18 日摘记）

入学年份 / 毕业年份	44/48	45/49	46/50	47/51	48/52	49/53	50/54
入学时人数	6	9	8	16	4	6	29
毕业时人数	6	9	1~2	2~3	1~2	5~6	不详
备考							

北洋大学航空系历史简介

王洪星

王洪星（1915.11—2018.8），湖南湘潭人，1940 年毕业于西北工学院航空系，1946 年秋赴美国伊利诺伊州空军基地进修实习。北京航空航天大学建校元老，参与组建北京航空学院的八所院校航空系科领队之一，我国航空教育事业的开拓者之一。

北洋大学的航空系可追溯至1936年。当时称北洋工学院，校址在天津西站北洋大学旧址，有土木、矿冶、电机、机械四系，全院学生共约300人。其中机械系分为普通机械组与特别机械组（当时特别机械组已有三年级学生），所谓特别机械组即航空机械组。之所以这样称呼，盖欲避免日本人注意。究其实，当时系组初建，师资不全，设备其少，无密可保。

1937年抗日战争爆发，学校西迁，北洋工学院与师范大学及北平大学三校联合，成立西安临时大学，半年以后，更名为西北联合大学，简称西北联大。1938年，工学院从联大分出成立西北工学院。从西安临时大学起，工学院就有正式的航空系。这些学校头几年的毕业生都保留原来学校学籍，所以1938届、1939届、1940届、1941届这四届的航空系毕业生可以说是北洋工学院的学生。但当时由于在西北工学院，所以1939—1941年的航空系毕业生又可算是西北工学院的学生。这是一段过渡时期的历史。

初期的航空系毕业学生人数不多。1938届5人，1939届不到十人，1940届、1941届各10余人。航空系的专业课程有空气动力学、飞机结构、飞机结构设计、飞机发动机、飞机发动机设计、飞机仪表、航空材料等。

抗战胜利以后，恢复了北洋大学（增设了理学院）。这时西北工学院与北洋大学都有航空系。北洋大学方面，在复校后又开始有航空系毕业生。到 1951 年全国院系调整，北洋大学航空系合并到了清华大学航空系。

北航前身之一的西北工学院航空系

吴云书

吴云书（1918.6—2014.7），陕西高陵人，1912 年毕业于西北工学院航空工程系，1945 年赴美国进修学习。北京航空航天大学建校元老，参与组建北京航空学院的八所院校航空系科领队之一。

到1983年10月25日，我院建校已31周年了。31年来，北航由小到大，现在已是拥有10个系31个专业，师生员工共8000多人的全国重点大学之一。那么，她前身之一的西北工学院航空系的情况如何呢？在师生员工中，尤其在青年人当中，知道的人很少。在校庆31周年之际，兹就当初西北航空系的简要情况做一回顾，以作纪念。

西工航空系，是当初西工8个系当中较小的系之一（后来西工发展到9个系）。西工实际上是由抗战以前的北洋工学院、东北大学工学院、北平大学工学院、焦作工学院等合并而成。航空系来自北洋工学院（现天津大学的前身）。据查，北洋工学院正式成立航空系是在1935年，并于当年以航空系的名义正式招生。1938年以前的毕业生为机械系航空组。抗日战争开始，航空系随校内迁西安，成立西安临时大学。风陵渡被日本侵略者占领后，学校于1938年初再由西安迁至陕南，和别的内迁学校一起成立西北联合大学。1938年暑假后，将工学院等从联大分出成立了西北工学院。抗战胜利后，学校又迁至咸阳。1938年，在联大毕业的学生为航空系的首届毕业生，共5人。1939年至1951年，航空系共毕业13届学生，约200人。那时的学制也是4年，航空系每年招收学生少则几人，多则二十几人，在校学生总数为六七十人。

从北洋工学院算起历任航空系系主任的人有秦大钧、罗明燏、张国藩、彭荣阁（兼）、王俊奎和我。

当时的教师是聘请制。一般情况下，同时应聘在航空系任教的也不过七八人。一个任课教师要开 2~3 门课，每课上 12 节课是常有的事。系主任和教师一样，要上几门课。除上述系主任外，先后应聘在这个系讲学的有丁履德、戴桂蕊、张创、岳邵毅、张燕波、马纯德、吕凤璋（兼）、沈敏柄（兼）、马恩春、梁柄文、徐迺祚、张开敏、郝桐生等。加上机械系兼授航空系内燃机、机械设计、机械原理等方面课程的教师先后约有 25 人（基础课和公共课教师不计在内）。在航空系任过助教的有王洪星、李森林、刘恭贤、顾大凯、戈治华、严筱桐、杨应辰、荣湘涛、白师贤、叶祖阴、高为炳、张性原、姚雅月、程啸凡、谷仪之等。

1951 年 2 月[1]，教育部召开了 11 所院校航空系系主任会议，讨论院系调整的试点问题。这次会议决定，将西北工学院、厦门大学、北洋大学的航空系与清华大学的航空系合并，同年暑假成立了清华大学航空学院。第二年，由四川大学、云南大学、北京工业学院的航空系、西南工业专科学校的航空专修科和清华大学航空学院一起，正式成立了北京航空学院。

1　经查资料，会议时间应为 1951 年 3 月 7 日。

北航成立前的四川大学航空系

赵世诚

赵世诚（1919.10—1993.1），四川成都人，1937 年考入南京中央大学航空系学习，1941 年毕业后进入中央航空研究院工作。1948 年被四川大学聘任为副教授。成都解放后，即被上级指定为四川大学航空系负责人。1952 年全国院系调整时，赵世诚奉命协助系主任饶国璋教授，率领四川大学航空系师生到北京，参与建立北京航空学院，是北京航空航天大学建校时的元老之一。

1952年，我国高等院校进行过一次规模较大的院系调整，根据教育部的决定，有八个高等院校的航空工程系合并到北京，组成北京航空学院，四川大学航空系便是这八个航空系之一。

四川大学航空系成立于1944年，地址在四川成都东郊，即现在四川大学地址。当时四川大学没有工学院，航空系设在理学院下，理学院改为理工学院。航空系第一任系主任是林致平。这时只有一年级学生，学的都是基础课，专业课教师很少。1945年春，林致平出国，系主任一度由李寿同代任，后不久，即改由康代光担任。到1947年11月，四川大学正式成立工学院，李寿同任院长，康代光仍任航空系系主任。当时专业课教师多数是兼职，流动性很大，记得有李寿同、康代光、饶国璋、朱景梓、荣沛霖、晏砺堂、周光炯等人。不久，荣沛霖、周光炯先后离开，罗德伟、黄逢昌、徐正定、郭可谦、徐碧宇和我又陆续来任教。1948年，四川大学航空系第一届学生毕业，留下一批青年教师，有施振东、黄公明、王德钊、郑远燎、王元彬、舒德坚、潘孝禄等人。新中国成立前后的一段时间，康代光、黄逢昌、徐正定、朱景梓、李寿同又先后离开，詹承禹、赵元恺来到四川大学。直到1951年，航空系全系共有教师17人，技工3人，系主任由饶国璋担任。

1951年春，教育部根据空军方面的建议，召开过一次全国11所高等院校航空系主任会议，讨论如何加速培养航空建设人才事宜，会上决定把云南大学航空系和西南工业专科学校航空科合并到四川大学，这就是第一次航空系院系调整。但后来情况有些变化，只有云南大学航空系来到成都，教师也只有饶子范、凌云沛、蒋建敏、王卓凡四人来到。合并后的四川大学航空系教师力量仍然十分薄弱，故 1952 年第二次院系调整时，教育部决定云南大学、四川大学合并后的航空系并入北京工业学院。1952 年秋，北京工业学院航空系和清华大学航空学院合并，北京航空学院便正式成立。

四川大学工学院成立很晚，加之地处西南、交通不便（当时四川没有铁路交通），所以航空系师资力量比较薄弱，条件也十分困难。例如，上课没有讲义，也没有中文教材，只采用当时龙门书局影印出版的一些英文参考书，这些书也不一定能买到，学生只好靠记笔记学习。在抗日战争后期，成都是重要的空军基地，胜利复员时，四川大学航空系首先接收空军不少废旧器材，如当时为数不多的用雷达导航的“黑寡妇”式战斗机，后方尺寸最大的“5 尺 ×7 尺”低速风洞，以及后来由云大航空系带来的套筒式活塞发动机（Sellve-Valvt Engine）。这些在当时都是难得的设备，但限于人力，并未加以利用。

截至 1951 年，四川大学航空系共招收过 8 届学生，每届人数不等，有的几人，最多达 40 多人，除 1950、1951 两年入学的于毕业前转入北航外，直接从川大毕业的共有6届，这些人多数在空军和三机部各厂所工作，已成为骨干力量，有的担任领导职务。

我所见到的新中国成立前的航空教育

王德荣

王德荣（1908.12—1982.12），江苏无锡人，1932 年毕业于上海交通大学土木工程系，1937 年获得英国伦敦大学帝国理工学院硕士学位。北京航空航天大学建校初期教授，我国著名航空教育家和固体力学家。

我从1932年在上海交通大学毕业以后，三十几年来，都在从事教学工作。这三十几年间，有一半以上的时间是在新中国成立前度过的。把新中国成立前后的航空教育事业对比起来，真有天壤之别；每每回忆过去的那种航空教育风雨飘零、学航空者彷徨苦闷的岁月，心里就加倍地觉得今日之可贵。

为了向青年同志介绍一些过去的情况，将旧比新，鼓舞我们更加珍惜革命的果实，更加努力地对待我们今天的工作和学习，下面谈谈我所见到的新中国成立前航空教育的一些情况。

清华大学是从1938年开始建立航空工程系的，一直到新中国成立初期，我都在那里工作。这个系，以当时情况来说，算是国内创办较早的航空学系之一，师资设备条件在当时情况下，还算比较强。就以这样一个所谓条件比较好的学校来看，那时的航空教育是一种怎样的状况呢？

当时清华大学由于日本侵略者占领华北，就从北平迁到云南昆明。到昆明以后，就成立航空工程系。当时清华大学的工学院（航空工程系属在工学院内）找到一所破旧的会馆（迤西会馆）作校址。会馆的两侧矮楼下是院长办公室及各系办公室，每个办公室的面积很小，只有十一二平方米，摆几张桌椅就挤得转不过身来。系里只有一个办事员，教室就设在楼上。楼又矮又小，光线很暗，地板年久失修，走起来吱吱作响。由于房子不够用，楼上一间长条形的大教室常常同时容纳两个班上课，上课铃一响，两位教师同时走进一间教室，各占据一端，对着自己的学生讲课，两班学生是背靠背坐着，而两位教师则遥遥相对唱对台戏。讲课用房尚且如此，实验室就更差了。当时系里的实验室设置在会馆楼的后院，这是一个发动机实验室，但是里面却没有航空发动机，只有一台汽车发动机和一些零散的构件，内容非常简陋。做空气动力学实验时，只有一个木制的风洞，但是这个风洞只用了一台交流马达来带动，因此速度变化范围很小，又因为测量设备也差，所以实验结果也无法准确。

1945 年，抗战胜利以后，清华大学迁回北平。我们航空系几经争取，才分得一所小楼，小楼内仅有几间办公室、一个系图书室和两三间教室。在空气动力学实验设备方面，只比过去多了一个钢板制的低速风洞；发动机实验室除原有汽车发动机等设备外，也只订购了一台燃料的试验机，用来测定燃料的辛烷值和研究燃烧；在结构力学方面只增加了一台 30 吨的液压万能材料试验机。加上这些新增加的设备，整个系的实验仪器设备，充实程度还抵不上现在一个教研室的设备。可是当时全部的专业课程教学，从飞机到发动机，结构力学到空气动力学，都是在这些少得可怜的设备下进行的。

清华大学航空系虽然是一个国内条件较好的单位，但是系里教师人数也很有限。迁回北平以后，亦只有十五六人。其中虽有几位教授，但大多比较年轻，缺乏教学经验。由于系里学生人数少，请不起那么多教师，因此教师不配套，要请他系或外单位的人兼课，助教的流动性也很大，经常换人，教学秩序不太稳定。

学生入学以后，一、二、三年级上基础课及技术基础课，四年级上专业课。但是，当时专业课很少，只开设空气动力学、航空发动机、飞机结构力学和一两门选课。

在新中国成立前，航空方面根本谈不上什么培养人才计划，学生毕业能凑合找个工作就不错了，更谈不上什么专业对口不对口的问题，因此在学校里学得笼统些，样样都懂个皮毛，适应面就能广一些。

当时在教学计划中也没有工厂实习，只有暑假实习。本来是到昆明附近生产飞机的工厂实习，但是在当时所谓的“飞机工厂”中根本就不生产飞机，实习没事干，学不到什么东西，以后便干脆改到附近的修理厂去实习。教师讲课是各讲各的，根本没有什么课程的教学大纲，教师想讲什么就讲什么，有些教师教得深，同学就听不懂；有些兼职代课的教师则经常请假，教给学生的东西就很少，例如光是活塞式发动机的四个冲程，有的教师就要教上半个学期。教师只管教，懂不懂是学生自己的事。有些教师甚至认为同学越听不懂，越表示教师学问渊博。这样，同学功课跟不上或身体吃不消，造成留级或退学的就很多，清华航空系当时学生的淘汰率高达 30%~50%。这就是说，30 个学生考进来，到毕业时只剩下 15~20 个人的情况是很平常的。教学秩序的混乱，还表现在考试评分没有一定标准，有些教师故意把题目出得很难，不及格的学生越多，他们就越高兴。但是有时不及格的同学太多，又觉得不像话，因此就创造了一个评分“公式”。例如有教师创造了这样一个公式：考试成绩$=10\times\sqrt{\text{考分}}$。按这个“公式”，学生只要考 36 分便及格（60 分）了。评分马马虎虎，随便送分数的教师也有，这样不及格的同学只是个别的，大家皆大欢喜。

新中国成立前，根本没有本国独立的航空工业，几个工厂也就用来修理和装配一些外国的破飞机。一些青年学生抱着“航空救国”的理想考入航空系，学了一阵以后，听说毕业出路不好，便纷纷要求转系，因此当时学航空的同学转系之风甚盛。事实上，航空系毕业后的出路，的确比其他各系更困难，留校助教的名额很有限，留不下几个人，其他人就要另想办法。当时，国民党根本不想或无力发展本国的航空工业，也更谈不上什么航空方面的科学研究工作。因此，航空系的毕业生要想找到一个合适的工作是非常困难的。当时只有伪航空委员会，每年要几个人，但是要进入伪航空委员会有一个条件就是必须填表参加国民党，要受一年名为“高级机械班”的伪军训。国民党这样做的目的，是要强迫这些人永远为他们效劳。有的同学不愿进国民党的腐败机构同流合污，宁愿改行也不干，也有的有志青年上解放区去了。

在国民党的统治下，物价高涨，民不聊生。在当时所谓全国"最高学府"里，师生们的生活同样也非常困难，教师为了一家老小的糊口，不得不在校外兼差兼职以资补贴。最困难的时候，甚至在马路上摆设地摊，出售自己家里的衣物艰难度日。在这种时局动荡、生活不得温饱的情况下，哪里还有几个人有心去认真钻研学术？除了生活上的困难以外，当时使人最难容忍的就是国民党对师生们政治上的迫害。还在昆明的时候，学生运动澎湃地发展，他们就用无耻的手段镇压学生、枪杀学生。抗战胜利迁回北平之后，国民党挑起了内战，学生们就掀起了更大规模的反饥饿、反内战、反迫害的运动，更多的师生醒悟起来，自觉地投入革命斗争中。

清华大学航空工程系从 1938 年成立，到 1949 年北京解放，10 年惨淡经营，培养出来的学生总数不足 200 人。有几届甚至只有 2 个、5 个、10 个毕业生。这些人毕业后，有的还被迫改行，根本搞不了航空。今天，当我每年都看到大批大批的青年人从国内各航空院校毕业，走上祖国航空建设岗位的时候，心里总是充满无限的欣慰。让我们永远不要忘记过去，永远前进。

向苏联专家学习的回顾与分析

马积明

马积明（1928.8—2010.11），浙江慈溪人，1952年入学北京航空学院，1956年任北京航空学院专家工作室副主任兼军械无线电专业翻译，1960年任北京航空学院无线电系遥测教研室主任，1985年任北京航空学院统战部部长。

1952年8月至11月，我院聘请第一批以杜巴索夫为组长的9位苏联专家。他们先后从莫斯科航空学院或莫斯科航空工艺学院来到中国。北京航空学院组织向苏联专家的学习整整持续了8个年头，中间没有间断过。8年来，聘请到我院工作的苏联专家共计有60人。最后一批聘请的成套火箭技术专家共13人，是以北京航空学院与北京工业学院名义合聘的，其中10名主要在北京航空学院工作，3名主要在北京工业学院工作。专家们在北京航空学院工作时间最长的为3年，最短的为3个月，其中2位专家两次受聘来我院进行工作。所以，在这8年中，北京航空学院的筹建、成长，打下了较扎实的基础，都是与组织向苏联专家学习紧密相关的。

表1 在北京航空学院工作过的苏联专家名单

编号	译名	姓名	专长	派出学校
1	杜巴索夫	Дубасов В. Т.	理论空气动力学	莫斯科航空工艺学院
2	格鲁孟兹	Грумондз Т. А.	实验空气动力学	莫斯科航空学院
3	费拉戈	Фирагo В. П.	发动机施工	莫斯科航空学院
4	契霍宁	Чехонин Н. Ф.	飞机设计	莫斯科航空学院
5	何赫洛夫	Хохлов А. Ф.	航空仪表自动器	莫斯科航空学院
6	罗新	Росин М. Ф.	特种设备	莫斯科航空学院

续表

编号	译名	姓名	专长	派出学校
7	赫罗宁	Хронин Д. В.	发动机构造	莫斯科航空学院
8	马卡洛夫	Макаров К. И.	飞机施工	莫斯科航空工艺学院
9	别略可夫	Беляков И. Т.	飞机施工	莫斯科航空学院
10	卡古林	Какурин С.Н.	电气无线电设备	莫斯科航空学院
11	叶富列莫夫	Ефремов И.П.	飞机设备施工	列宁格勒航空仪表制造学院
12	卡拉普希金	Калабушкин В.С.	航空金属铸造	莫斯科有色金属与黄金学院
13	尼基晓夫	Никишов А.И.	发动机施工	哈尔科夫航空学院
14	费阿发诺夫	Феофанов А.Ф.	强度计算	莫斯科航空学院
15	克尔巴士尼可夫	Колпашников А.И.	有色金属加工	莫斯科航空工艺学院
16	拉宾诺维奇	Рабинович А. В.	特种设备	莫斯科航空学院
17	尼基景	Никитин Ф. М.	发动机原理与构造	莫斯科航空学院
18	帕尔霍明柯	Пархоменко И.Ф.	飞机装配	喀山航空学院
19	阿罗夫	Алов А.А.	航空材料焊接	莫斯科航空工艺学院
20	基尔比契尼可夫	Кирпичников К.С.	轻金属热处理	莫斯科航空工艺学院

续表

编号	译名	姓名	专长	派出学校
21	斯特拉日娃	Стражева И.В.	飞行力学	莫斯科航空学院
22	斯卡贡	Скакун Г.Ф.	航空金属焊接	莫斯科航空工艺学院
23	苏里玛	Сулима А.М.	发动机工艺	莫斯科航空学院
24	格尔吉也夫	Галтеев Ф.Ф.	电气设备	莫斯科动力学院
25	聂吉尔柯	Неделко В.В.	火箭操纵系统	列宁格勒军事机械学院
26	拉儒密也夫	Разумеев В.Ф.	弹道火箭设计	莫斯科包乌曼高等技术学校
27	佘陆新	Шелухи Г. Г.	固体发动机	列宁格勒军事机械学院
28	西良廖夫	Синярев Г.Б.	火箭发动机设计	莫斯科包乌曼高等技术学校
29	加列也夫	Галеев Г.С.	火箭发动机构造	喀山航空学院
30	叶尔索夫	Ершов В. Н.	叶片机原理	哈尔科夫航空学院
31	包里索夫	Борисов К. Н.	电气设备	莫斯科航空学院
32	列别捷夫	Лебедев И. А.	特设工艺	莫斯科航空学院
33	库兹明	Кузьмин С. Н.	飞机设计	哈尔科夫航空学院
34	别拉文	Белавин О. В.	无线电导航	莫斯科航空学院
35	柴依采夫	Зайцев В. И.	仪表自动器	莫斯科航空学院
36	克雷莫夫	Крымов Б. Г.	射击装置设计	莫斯科航空学院
37	哈雷宾	Харыбин А.Е.	航空雷达	莫斯科航空学院
38	谢苗诺夫	Семенов А.С.	航空仪表	莫斯科航空学院

续表

编号	译名	姓名	专长	派出学校
39	谢尔盖耳	Сергель О.С.	燃烧原理	莫斯科航空学院
40	勃拉古洛夫	Балагуров В.А.	点火设备	莫斯科动力学院
41	罗斯托莫夫	Ростомов А. Г.	火箭发射装置	捷尔任斯基炮兵学院
42	维谢洛夫	Веселов Б. С.	地面控制系统	捷尔任斯基炮兵学院
43	列别捷夫	Лебедев А. А.	火箭飞行力学	莫斯科航空学院
44	鲍里索夫	Борисов Ю. П.	无线电遥测	莫斯科动力学院
45	哈凡斯基	Хованский Ю.М.	火箭自动控制	列宁格勒航空仪表制造学院
46	阿芬纳斯也夫	Афанасьев Е. Е.	计算机	列宁格勒电工学院
47	卡格勃诺夫	Карабанов В.А.	火箭操纵原理	莫斯科包乌曼高等技术学校
48	卡依达斯	Кайдаш Н. Ф.	液体燃料	派出学校不明
49	高洛文	Головин Д.Б.	无线电遥控	莫斯科包乌曼高等技术学校
50	依里因	Ильин Д.А.	陀螺仪表与惯导	列宁格勒精密机械与光学学院
51	伏罗尔金	Фролтин В. Т.	脉冲技术	莫斯科航空学院
52	捷尔诺布罗夫金	Чернобровкин А.С.	有翼导弹设计原理	莫斯科航空学院
53	扎哈洛夫	Захаров Ю.С.	无线电测量技术	莫斯科航空学院

续表

编号	译名	姓名	专长	派出学校
54	克拉克雪夫	Каракашве В.А.	陀螺仪表	列宁格勒精密机械与光学学院
55	依里因斯基	Ильинский В.В.	核动力火箭	哈尔科夫航空学院
56	萨包什可夫	Сапожков К.А.	电子计算机	列宁格勒电工学院
57	佛里特	Фрид А. М.	发动机原理与构造	哈尔科夫航空学院
58	明虚金	Меньщутин В. П.	固体燃料	莫斯科化工学院
59	鲁日尼可	Лужников А.П.	航空材料	全苏航空材料研究院
60	格利标金	Грибенкин М. Т.	火箭控制	派出学校不明

组织向苏联专家学习的简要过程

从向苏联专家学习的内容、重点与方法来看，这 8 年的学习过程大致可划分为 3 个时期。

1. 第一个时期（1952—1954 年）。这一时期，在第一批苏联专家的帮助下，我们按照苏联航空院校的经验，制定出学院的组织领导体系，拟定出学院的基建规划，包括北航主楼与各专业系楼的设计要求，建立起成套的教务管理制度，组织了以教研室为基础的教学行政管理机构。同时组织全体教学人员跟专家学习，掌握包括教学计划、课程设置、教学大纲、教学日志、考试方法，以及讲课、答疑、习题课、课堂讨论、实验课、下厂实习、课程设计、毕业设计等一整套的苏联教学环节的内容与工作方法，组织教师听苏联专家为高年级学生、研究生和教师专门开设的有关专业方面的课程与讲座。一般的做法都是把苏联的教材、教学资料、教学管理制度以及苏联专家的各项建议先翻译成中文，根据我国实际情况稍加修改编写后，直接使用。遇有疑难，请专家予以解答。

表 2　1953—1961 年接收苏联技术资料统计

序号	技术资料名称	数量
1	教学计划	28 份
2	教学大纲	444 份（另有汇编 8 册）
3	设计及作业样本	399 份
4	实验说明书及样本	542 份（另有汇编 1 册）
5	其他教学法文件	101 份
6	各种图书（教材）	213 本
7	各种技术图纸	17 份
8	其他资料	244 份
	共计	1988 份（本）

1952 年北航初建时，只设有飞机和发动机两个系，1953 年开始筹建飞机设备系。学院根据飞机制造的配套要求，按第一批来我院专家的专业分布情况，由初期设置的飞机设计、飞机工艺、发动机设计、发动机工艺 4 个专业，陆续增设了航空仪表、航空军械、飞机电气设备等专业。据当时统计，专家除帮助建校工作外，在专业教学中直接开设了 24 门专业课（传授的内容只限于低速的活塞式飞机），指导 17 个实验室与 1 个实习工厂的建设。此外，他们还分别帮助指导了技术基础课的教学内容与教学方法的改进。

对比来我院工作的几批专家，第一批专家具有较高的政治思想水平，参加过卫国战争，具有丰富的教学行政工作经验。院长顾问杜巴索夫是莫斯科航空工艺学院副院长，其他专家也都担任过教研室主任的工作。他们在工作中，确实体现了国际主义的精神与实事求是的工作态度。他们所提的建议，一般都能考虑到中国的实际情况，并在学校建设中起到良好作用。例如，院长顾问杜巴索夫对航院建校原则提出的“先使学校走上正轨，然后再接近目标”的建议，完全符合我国向苏学习的“先搬过来后消化”的方针。他建议北航的学制应办成五年制，而不应是三年制，这在当时非常符合我国培养航空高级人才的需要。他们提出的“放下水去学游泳”的办法，也符合我国尽快掌握苏联经验这一要求。

在制订过渡性教学计划时，苏联专家主张不削减基础课与基础技术课的学时，保证了初期本科生的教学质量。苏联专家马卡洛夫强调“施工是一门科学，虽然没有高深的数学运算，但却要解决如何用最低成本、最快速度，制造出合乎质量要求的成品问题”，是有针对性的。他认为 1954 年我院学生完成的毕业设计只完成了苏联学生的 60% 的要求，也是很实际的。因为他曾经指出，我们的毕业设计脱离了工厂实际，没有施工数据，没有经济计算，而且选用的题目又是最简单、原始的教练机。

关于向苏联专家学习的方法，根据“一边倒”与“先搬过来后消化”的学习方针，我们提出了“事无大小问专家”“专家是教研室的实际领导人”等要求，并一再强调必须严格执行苏联专家的各项建议。在组织上设院长顾问，教务长也设有顾问，各系与教研室虽没有明文规定要设顾问，但实际上也把有关专家看成是自己的顾问。这样的提法与做法，事后分析，存在一定的片面性和绝对化。譬如说，从我国过去与西方国家在办学方面都可以找到一些有益的经验。不过在当时的形势下，提出向苏学习也是必要的，这样可以较快地统一人们的思想认识，掀起向苏学习的热潮，有利于按照苏联的经验，迅速把学校建设起来。

2. 第二个时期（1955—1957 年）。在这一时期，学校的教学组织机构已经基本健全，教务管理的有关制度与教学工作方法大体上也都掌握，只需要自己在工作中进一步消化、理解和完善。这一时期向专家学习的重点是扎实地掌握比较先进的专业知识，如超音速飞机设计、结构强度计算、喷气推进技术、自动控制原理、航空无线电技术等，以提高科学技术水平，弥补我国航空工业建设中的薄弱环节。为此除继续聘请飞机、发动机施工专家外，又增聘了飞机设备方面的工艺专家；成立热加工系，聘请焊接、铸造、热处理、有色金属加工等方面的专家。1957 年还聘请了第一批以余陆新为组长的 5 名火箭专家。[1]

在这一时期，中央制定了《1956—1967 年科学技术发展远景规划》，发出向科学进军的号召。为了进一步提高教学水平，开始组织教师向苏联专家学习从事科学研究的方法。按前一专家组长罗新的意见，从事科研可以先从读书报告与参加实验室建设做起；按后一专家组长卡古林的意见，学校的科研可以有三种方式：指导研究生、结合专业建设任务开展研究工作、编写教材。所以在这段时间内，我院在专家指导下带研究生、设计实验设备，在专家讲课的基础上编写教材，翻阅科技杂志写读书报告，等等，都成为我院教师向专家学习的方式。

这一时期来院的专家大多数是由前一批专家根据我国实际情

1　1958 年，北京航空学院建立火箭系。

况建议推荐而来。总的来说，他们都具有较高的学术水平与丰富的教学经验。教师也有较安定的环境，能够集中精力向专家学习。所以这一时期教师业务水平的提高是比较快的。从教学内容上看，可以说已经接近苏联当时的水平。因为苏联专家的讲学内容与苏联现行教材内容已没有差别。有些专家在我院讲学的讲义经过整理后，才带回国公开出版成书，拉宾诺维奇编写的《电气机械元件与自动器的设计》就是一个例子。

这一时期从组织上已取消了院长顾问与教务长顾问，只有专家组长负责院领导的咨询工作。1955 年，根据上级的指示成立了专家工作室，负责专家的聘请和组织向专家学习的督促检查与联谊活动，并制定出一套向专家学习的规章制度，其中心内容是：继续虚心向专家学习，认真执行专家的各项建议，但在学习方法上，强调要自主地组织教学和科研工作，把学习重点转到掌握专业内容上来，强调要结合中国实际，注意克服学习中依赖专家的思想。

3. 第三个时期（1958—1960 年）。根据 1956 年制定的十二年科学技术发展远景规划的要求，掌握火箭专业的教学内容是当时向专家学习的重点。为此，我院前后两批成套地聘请了这方面的苏联专家共 18 人。此外，还聘请了材料、无线电技术、电子计算机等我国比较薄弱或新兴的专业技术方面的苏联专家。

由于开展了科学研究，提高教师的业务水平已经提上学校建设的工作日程。1958 年，在向苏联学习上，我们与专家之间出现了矛盾。以往，在组织向专家学习上，一般以讲授专业课程、培养研究生和指导实验室建设为主，指导教师与研究生开展科学研究仅是其中的一小部分；可是在“大跃进”中，我们却希望专家帮助搞各种型号的设计与试制，并在实际试制中为我们解决不同型号中的科研技术问题。初期在试制“北京一号”（旅客机）、“北京二号”（探空火箭）、“北京五号”（无人驾驶飞机）时，我们还能得到大部分专家的支持，后来提出要争取 10 个型号上天和争取发射卫星时，已不能再得到苏联专家的支持了。根据 1960 年我院的专家工作总结，当时对专家所持态度的分析是：半数以上专家持反对意见，部分专家半信半疑，只有个别专家表示赞同，但也有一定怀疑。当时的专家组长列别捷夫说：“不能把型号的设计、试制当成科研，科研工作比设计、试制更为重要。”卡依达斯指出：“大型液体燃料火箭发动机，苏联上千人的设计局要经过 1~2 年才能搞成。你们教研室才那么一点人，不可能搞全了，只能在小发动机上做试验，工作要有程序，试制型号应与研究所、工厂建立联系。”

在这种情况下，我们不得不积极地做好专家的政治思想工作，把两股劲拧成一股劲，为我国的社会主义建设总路线服务。我们向苏联专家学习的方法完全实现了“以我为主”，经常主动地向专家介绍我国的方针、政策与实际情况，希望他们能在我们的型号设计与制造中，给予技术上的指导与帮助；同时尽量组织好教师与研究生的听课，完成聘书上规定的任务。这一时期，向专家学习的做法是符合我院当时教学工作发展进程的，只有开展科学研究，才能进一步提高教师水平，而在科研、生产中组织向专家学习就成了必然的趋势。广大教师通过型号试制，使原先由于脱离生产实际而缺乏感性知识的问题得到了一定的弥补，也从苏联专家的指导、帮助中学到一些从事生产、试制和解决实际问题的能力。

在这一时期，苏联专家提了不少有益的意见，如专家组长伏罗尔金说：“评比先进，不能只看科研项目的完成。这样会把教学推到第二位。”列别捷夫在一次座谈会上说：“专业面应广，专业、专门化之间应有明显的差别。培养专业人才，专业知识面广一些好，设计与工艺可以不分。纯工艺的专业可由靠近工厂的学校来培养，现在你们学校的倾向是愿意把专业搞窄。”这些意见，在我们后来的专业调整工作中，起了一定的作用。

向苏联专家学习的主要收获

我们在向苏联专家学习方面取得的收获，主要有以下三点。

第一，迅速地建立社会主义的教育制度，建立起一整套行之有效、适合我国国情的教学管理方法，使我国的航空教育与航空工业的建设密切地、有机地配合起来，十分有利于新中国成立初期的经济恢复与社会主义建设。

第二，为我国航空高等教育培养了一大批师资力量。这是办学的基础，保证了多年来为我国培养大批的航空事业的优秀人才。

新中国成立前，航空教育的基础十分薄弱，虽然集中了原航空院系的力量组成了北京航空学院，但专业教师也只有 115 人，其中 47 名教授与副教授。按他们的专业分：从事空气动力学的 13 人，飞机结构的 12 人，航空发动机原理的 10 人，航空仪表的 3 人，飞机修配的 8 人，发动机制造的 1 人。总之，长于理论分析的多，长于结构设计与工艺制造的少；从事主机的多，从事航空仪表、自动器与各种机载设备的少。所以在向苏联专家学习的过程中，成套地培养并壮大师资队伍应是首要的任务。因此，从 1952 年 11 月起，在苏联专家帮助下，我院就开始招收第一批研究生，共 26 人。据不完全统计，8 年内经苏联专家指导的我院研究生，共 172 人。向苏联专家学习的教师人数更是逐年增多。以 1959 年的统计数字为例，这一年先后在校工作的专家有 22 人，共开设 31 门课，北航参加听课的教师有 621 人，外校听课的进修教师有 456 人，其他由工厂、研究所、部队派来听课的科技人员有 76 人，参加向专家学习的单位有：北京航空学院、西北工业大学、南京航空工业专科学校、哈尔滨工业大学、北京工业学院（1988 年更名北京理工大学）、清华大学、成都电讯工程学院等院校，以及工厂、研究所、部队等有关部门共 36 个单位。可见航空教育师资的成长，与组织向苏联专家学习有着十分密切的关系。

第三，在苏联专家的帮助下，我国航空高等教育的教学水平有了明显提高。我院基础课与技术基础课采用的都是苏联现行的讲义与教材，我们通过向几届学生讲授，已经消化掌握；课程实验按照苏联的实验说明书，大多数已经建立开设；专业课 1959 年虽未取得当时先进型号的技术资料，但从设备原理、设计计算、测试手段、加工方法等方面分析，也与苏联当时的教学水平相差不远，需要进一步介绍新课程而提出新聘专家的要求已经不多；毕业设计的水平，从题目要求、设计难度、图纸分量等方面考虑，也有了很大的提高，有些还得到专家的称赞。所以，我院的教学水平可以说从 20 世纪 50 年代就已经开始接近当时苏联航空高校的水平，即当时的世界水平。但由于我国航空工业与科研建设历时不久，我院的科研工作当时仅处于起步阶段，而教学水平的提高是离不开本国的工业与科研这个基础的，因此还没有形成相互结合、共同提高的局面。

经验与教训

第一，在我国刚取得革命胜利和当时的国际形势下，“一边倒”是唯一可以选择的道路。在向苏联学习时，贯彻“先搬过来后消化”的学习方针是正确的。我院三个时期的发展状况与这个方针的精神是一致的，取得了较好的成效，也值得肯定。要想用社会主义教育替代半殖民地、半封建教育，但对先进的经验又不了解，因此应该首先求教、搬过来再说。但这不等于全面肯定别人的一切做法，因为任何事物都不可能绝对完美无缺，何况还有一个联系中国实际的问题。把苏联的一切都说成是先进的，就是在向专家学习上画框框，影响了学习的积极性与主动性，也是在学习中产生依赖思想的重要原因。

中期开始，取消顾问，由自己来组织教学工作，并逐步纠正对苏联专家的依赖。采用这种逐步过渡的办法也是稳妥的。之后，进一步转入以我为主，专家主要为我们传授技术，我们只在重大问题上征求他们的看法，以利作出正确决定。这也是符合学习的客观进程的。

第二，在专业技术学习上，采取迎头赶上、成套引进苏联经验的办法是成功的。虽然苏联专家只由北京航空学院一家负责聘请，但我们在向苏联学习上，没有局限于莫斯科航空学院一校的范围，而是从我国整个航空、宇航事业出发，没有局限于学习主机，也包括了成套的机上与地面设备，以及材料、工艺技术，等等。聘请的60位专家来自苏联12所院校与1个科学研究院，这样，就使我国有关航空与宇航专业的设置比较齐全，较好地满足了有关部门在工业生产、设计、测试和科学研究方面对各类人才的需求。

我们在引进技术上，采取迎头赶上的方针，从我们已有的基础上起步，不断地提出引进当代先进科学技术的要求，聘请相应的专家来我院工作，较快地缩短了我们在教学内容上的差距，初步实现了1956年我院在十二年科学技术发展远景规划中提出的“我院应发展为多科性的航空学院，以最先进的专业为发展重点，以原子能和其他为动力的高空、高速、无人驾驶飞机、导弹、火箭的设计和工艺为主要研究目标”的要求，所以，这一做法是成功的。只是在科研方法上，未能与苏联专家共同合作，深入完成一定的科研任务，从中更具体地学到他们在学校中开展科学研究的有益经验，这是不足之处。

第三，有计划、有步骤、有重点、有准备地组织向苏联专家学习，是提高学习成效的重要保证。回顾我院向专家学习的三个时期：第一时期以掌握教育制度与教学方法为主，先把学校建立起来；第二时期以引进先进技术、深入消化教材和提高教学业务水平为主；第三时期除掌握火箭技术以外，转向以开展科学研究为主，这些都符合有计划、有步骤、有重点的要求。在人力准备上，1954 年以前，由于我院现有的师资力量薄弱，招收的学生也有限，拿不出更多人力向专家学习，这是客观原因造成的，无法克服。1958 年以后，由于型号太多，要求进度太快，又影响了向专家学习人员的安排。之后，虽然组织了兄弟院校教师共同向专家学习，但能深入学习的教师较少，这是一个缺点。主要的问题是，在校内和在兄弟院校之间频繁地调整专业，使不少教师放弃原先学的专业，又从头学起，影响了学习效率。这说明，我们的规划在专业布局上考虑不够周全。

第四，在 8 年向苏联专家学习的过程中，未能把开展高等教育的科研工作正式提上议事日程是一缺陷。没有人去深入研究，就不能全面了解苏联教育制度、教学方法的发展变化，因此也不会深入理解他们采用种种方法与措施的原因所在。我们过去的有些改革吃了亏，就因为理解不深，往往只看到人家的一些表面现象，或者在工作中只凭一股热情，自以为是，就动手改，结果走了一段人家早已走过的弯路，这一教训，我们应该引以为戒。

十六字校风是北航宝贵的精神财富

张祖善

张祖善（1936.8—），浙江鄞县人，1951 年前在上海复旦大学学习，1951 年 10 月在中央重工业部干部学校学习并工作，1952年10 月进入北京航空航天大学工作，先后在人事处、干部部、宣传部、社科系校史办工作。

“艰苦朴素、勤奋好学、全面发展、勇于创新”十六字校风，是老院长武光提出来的，如今已被几代北航人所认同和信守。

十六字校风经过几代北航人的精心培育和丰富发展，已成为北航宝贵的精神财富。我校建校至今的实践已充分证明，校风作为一种集体的心理定势，一旦形成，就会对它的全体师生员工的行为产生导向和感化作用，尤其对学生思想品德的形成和发展起到重要作用。

每逢校庆日或节假日，当校友们欢聚在母校，见到老院长武光亲笔题写的十六字校风石碑时，都感到异常亲切，不禁回忆起当年珍贵的学习生活，同时也深切感受到它作为一种无形的精神力量，对自己的成长和发展所起的深刻作用。

北航校风的孕育和形成过程，有其特殊的主、客观条件。

创业的艰辛

北航建立于新中国开始大规模进行社会主义建设，实施第一个五年计划的前夕和抗美援朝战争时期。

新中国成立之初，百端待举。巩固国防和取得抗美援朝战争的胜利，迫切需要大批国防科技人才，特别是航空工业的科技人才。而新中国成立前从事航空科技的人才极少，兴办航空教育，大力培养人才，成为当时一项急迫的任务。因此，新中国第一所培养航空航天人才的高等学府应运而生。1952 年 10 月北京航空学院建校之初，来自几所院所航空系的上千名学生和 200 余名教职工，分别在清华大学和黄城根、西郊车道沟的北京工业学院内学习、工作、生活。如在清华园内大多数学生住在刚施工完的简易筒子楼。一大筒子室以短墙相隔成三室，共住 24 人。条件虽然简陋，但大家以志愿军英雄为榜样，克服困难，奋力学习。次年 9 月，在仅完成两幢宿舍楼的情况下，全体学生及单身教职工就迁入新址。那时学校还是施工状态，以四面透风的临时工棚作教室，用木板和砖头拼搭成讲台和课桌，宿舍走廊当作饭厅。没有自来水，同学们就在仅有的一两口压水井前排队洗漱，洗澡要走几里地到附近的清华、北大去。校园内外没有像样的道路，一遇雨雪道路泥泞，不时有摔跤的，进城也要走上一个小时才能到达。冬天工棚教室仅靠几个大火炉取暖，手脚都冻僵了。在这样简陋艰苦的条件下，师生以极大的热情工作、学习和参加建校劳动。以校为家，以苦为荣。那时，学习生活条件稍有改善，就感到十分满足。

由于新中国成立前的航空教育不能适应我国社会主义建设需要，国家聘请苏联专家来帮助建校。当时，学校组织广大老师认真学习苏联经验，结合我国需要确定培养目标及专业设置，制订教学计划、教学大纲，建立教学机构。为了保证培养质量，广大教师根据教学计划要求，积极制订各门课的教学大纲、编译新教材。当时绝大部分教师俄文水平较低，又对苏联的航空教育不熟悉，就一面突击学习俄文，一面向专家学习，边提高业务水平，边向学生授课，工作极为紧张。我校从创建伊始就走上了艰苦创业的道路，广大学生不仅要克服生活上的众多不便，还要适应课时内容多、课内外负担重的问题，还争取做到“身体好、学习好、工作好”，使自己全面发展。北航今天所取得的一切成就，不仅是物质文明的胜利，还是一曲精神文明的凯歌，创业时的艰辛至今仍深刻地印在众多北航人的脑海中。

事业的激励

改变我国航空航天科学技术的落后面貌，振兴祖国航空航天事业，始终是我校广大师生员工努力奋斗、不断创新的动力。

新中国的成立，开创了中国历史新纪元，也为中国航空工业的创立与发展开辟了无限广阔的前景。对新中国成立前航空工业的落后状况，不少教师是深有体会的。他们曾想走“科学救国”“工业救国”的道路，但他们的热情和愿望，一次次在严酷的现实中破灭了。因此，广大师生对中央作出的关于建设人民空军及航空工业的决定，以及下决心办航空院校的指示，极为拥护。年轻的人民空军在抗美援朝中所取得的胜利，又极大地鼓舞了我校师生。

1956 年 2 月中央作出关于知识分子问题的指示，号召全党和全国人民向科学进军，尽快改变中国科学文化落后的状态，而后航空航天工业战线不断传来不同型号飞行器研制成功的喜讯，又进一步激发了广大师生的热情。北航学生处于这样的大环境下，都把培养自己成为德智体全面发展的“红色航空工程师”，把为航空航天科技事业贡献终身作为自己的奋斗目标。在 20 世纪五六十年代北航学生刻苦勤奋的学习风气在首都高校是闻名的。我校师生员工的积极性和高度热情，在 1958 年我校自行设计与制造的几个型号中得到充分展示。即使在“文革”期间，我校承担科研任务的广大教职工，仍坚守岗位，专心致志地工作，取得了多项科研成果。

世界航空航天科学一日千里、日新月异地发展，我国航空航天科学处于不断探索、创新的客观现实，特别是我国的航空航天科技事业与先进国家的差距，一直促使我校广大师生尤其是教师，几十年来始终在航空航天教育领域孜孜不倦地探索钻研，用崭新的知识培育出了一批又一批航空航天科技人才。献身航空航天事业的理想，积极进取、吃苦耐劳、勇攀高峰的顽强意志已深深根植于我校，成为我校蓬勃发展、欣欣向荣的重要因素。

团结协作的传统

航空航天工业是高度知识密集和技术密集的产业。航空航天产品——飞机和火箭，是现代科学技术的结晶，被誉为“工业之花”。因而，各学科之间的通力合作，各部门之间的相互支持，各成员之间的团结互助，始终贯穿于航空航天工业建设的全过程，也体现在我校发展的各个时期。

北航建校时成员来自四面八方，教师由清华大学、北洋大学、西北工学院、厦门大学、四川大学、云南大学、西南工业专科学校等八所院校的航空系科教师组成。这批教师中，有很多是从国外回来的教授。他们甘愿放弃良好的工作环境和优裕的生活条件回国执教，而后又陆续分配来一些青年教师。学校里的干部来自中央各有关部门及省市和军队转业人员，其中不少是抗日和解放战争时期经过战争艰苦环境的锻炼和考验的；工人及教辅人员除从清华等院校与教师一起调入的以外，也从北京、天津、上海等地招聘了一些。尽管全校师生员工来自五湖四海，工作和生活习惯各异，文化教育程度不一，但他们都怀着献身航空航天事业的崇高责任感和自豪感，目标一致，因而全校上下都能做到取长补短、互相尊重、互相支持。

建校初期为了加强基础理论教学和行政管理工作，抽调了一些专业教师支援。这些富有教学经验且有坚实专业基础与较高学术水平的教师，都听从了组织调动。为了筹建火箭导弹类新学科，全校各系、各专业支援了大批教师。干部和职工都积极听从组织安排，参加新系、新专业的建设。

应该指出，以一批老干部为核心的校、系领导成员之间的团结，为全校树立了榜样。这些久经考验、驰骋沙场的老干部，不仅带来了他们在长期实践中锻炼出来的组织、指挥、决策的才能，也带来了中国共产党政治工作传统和密切联系群众的优良作风。他们在新的工作环境和工作对象面前，知难而进，刻苦学习科学技术知识，努力变外行为内行。他们诚心诚意和知识分子交朋友，关心知识分子的疾苦，和全校师生员工同甘共苦、身先士卒。现在，虽然他们已离退休，但是这种上下一心、团结一致的好传统已保留下来。

团结协作精神在我校建校史上曾多次得到体现，反映在科研工作中，协作攻关是我校科研的一大特点。从 20 世纪 50 年代至今，多种型号和重大科研项目的研制成功，无一不是团结协作和集体智慧的结晶。

创新精神的发扬

一所知名的高校，要使自身得到发展并不断取得新的业绩，跻身于国内甚至国际著名大学行列而历久不衰，就必须清醒地审视自身的优势、特长和短处，扬长避短，敢于探索、敢于创新，不断进取。而航空航天高校所从事的航空航天学科，又是20世纪人类认识和改造自然进程中，最活跃的最有影响的科学技术领域，客观形势要求我校师生必须树立与发扬创新探索精神。

建校之初，我校曾经历了一段学习苏联航空高等院校办学经验的过程，从办学模式、教学组织到专业设置都以苏联为榜样。但至20世纪50年代末，我校很快就有了依据我国航空航天工业实际需要而设置的新专业，在教育与生产劳动的结合上进行了新的尝试，走出了一条高校自行研制飞行器并取得成功的前人所未走过的道路，不少方面填补了我国的空白。其中，高空探测火箭在亚洲地区是率先发射成功的。其意义不仅仅在于研制成功几个飞行器，更重要的是培养了师生敢于探索、敢于创新的精神，之后在20世纪60年代、70年代以至80年代，我校又创造性地研制了多种飞行器，使我校在航空航天及推进系统、控制与导航、电子技术、飞行与生命保障、工艺与材料等领域，在吸收前人及当今世界先进航空航天科学技术成就的基础上，有了长足的进步。

80 年代至 90 年代，我校有 700 多项重大科研成果获国家和部委嘉奖，其中国家发明奖 18 项（一等奖、二等奖 3 项），国家自然科学奖 4 项，国家科技进步奖 31 项（一等奖 3 项）。党的十一届三中全会以来的十多年中，我校的本科生、研究生教育教学改革也取得了突出的进步，“北航优化本科教育过程的改革”“研究生拔尖人才的培养”等在国内产生较大的影响。

北航师生所体现的创新精神，是与时代精神和个人的社会理想密切相连的。它既包含了在学术研究和学习上锲而不舍的探索及勇于进取的精神，又体现在学习、工作上的创造性劳动和为航空航天科学事业奋力拼搏的决心和信心上。正是这种创新精神，使北航的教育、科研成果不断涌现，使学校的改革与建设不断得到发展。

由上所述，我校十六字校风的形成是有坚实基础的，它是几代北航人精心培养逐步发展形成的。

北航十六字校风贯穿其中的一条红线是强烈的爱国主义精神，是热爱党、热爱社会主义祖国，立志为国家富强、民族振兴而贡献力量的精神。它集中表现在要为祖国建立强大的航空航天科学技术事业作贡献的奋斗精神。这一奋斗精神已经成为北航整个集体，包括几代北航人和广大校友所强烈追求的目标和动力的源泉。它对学生起着无形而有效的教育作用，它是北航的宝贵精神财富，它将继续得到发展和弘扬。

北京航空学院专业发展的历史沿革

许建钺

许建钺（1927.8—1995.6），广西万乘人，1950 年毕业于清华大学航空工程系。1950—1952 年在华北大学工学院工作，曾任系秘书、党支部书记。1952 年全国院系调整时，进入北京航空学院工作，先后担任教研室副主任，飞机系副系主任，科研部副主任，基础课部副主任、主任，教务处副处长、处长，院党委委员，校务委员会委员等职。

北航是 1952 年成立的，其专业设置走过一条曲折的道路。1952 年我院以苏联模式为基础，建设我国航空高等教育的专业体系。后来，我们提出在专业设置上要走自己的路，吸收苏联模式的某些优点。总结历史，有助于提高我们对教育规律的认识，增强自觉性，减少盲目性，尽快建立起有我国社会主义特色的，符合社会发展需要和教育规律的专业体系。

北航的专业设置可以分为以下五个阶段。

1.1952—1956 年。这个阶段，特别是前期，我院的专业是根据苏联专家建议，报请上级批准设置的。苏联专家到院工作后，首先提出建立 4 个专业，即飞机设计、飞机施工[1]、发动机设计、发动机施工。这就开创了航空高等教育按专业培养学生的历史。在这之前，“航空”是作为一个整体而内部不分专业的。

我院所设的这 4 个专业，适应了第一个五年计划时期建设 3 个飞机工厂和 3 个发动机工厂的需要，毕业生分配对口，工作上手快，这比过去不分专业去培养是一个进步。学校、工厂和学生对此都是满意的，一般认为，这体现了专业教育的优越性。

这四个专业具有如下特点。

（1）按航空产品设专业，在当时航空工业缺乏人才的情况下

1　“施工”是当时的译名，以后改译为“工艺”，俄文是同一个字。

都能对口分配。

（2）教学计划中要学的课很重，共有 4000 多学时。其中理论基础课、专业基础课都学得很多。实践教学环节也多，包括三次生产实习、三次课程设计和一次毕业设计。设计专业学工艺课，工艺专业学设计课，因此，两者具有互换性，这对学生毕业后适应工作上的变换是很有益的。虽然按产品设置专业，但专业面向还是较宽的，有较好的适应性。

但是也应该看到，这样设置的专业也有缺点，即专业课的水平较低。如两个工艺专业，主要专业课的水平和中专的水平差别不大。发动机工艺用的就是苏联的中专教科书。飞机工艺没有正规教科书，是中专教材和其他资料拼凑出来的。1956 年，有些同志曾对此提出疑问。专业课内容杂、水平低，引起教师思想不稳定。

苏联飞机工艺专家马卡洛夫认为，按苏联这样的模式设置专业体现了社会主义计划经济的优越性；资本主义国家学校与工厂不可能这样紧密结合起来培养人才。

1954 年，北航新建 7 个专业，即航空仪表及自动器、飞机电气设备、飞机特种设备、金相热处理、铸造、压力加工和焊接。相应地又设立了飞机设备系和航空冶金系，建设这些专业是为了适应当时航空工业建设一批辅机和附件厂的需要。

到 1956 年，我院共有 4 个系、11 个专业。这个时期所设专业是按苏联模式发展的。

2.1956—1960 年。这个阶段是专业迅速膨胀时期。如果说前一时期专业设置的主要根据是苏联专家的建议，那么这一时期主要是根据我们自己的意见进行的。1956 年，我们探索自己的发展道路是应该的。我院在十二年科学技术发展远景规划中，提出增设空气动力学、无人驾驶飞行器、直升机设计、火箭发动机技术、原子能航空发动机设计、火箭自动控制、远距离操纵和工业经济组织及计划等专业。

1957 年 12 月，经原第二机械工业部批准的我院专业设置规模如下。

表 1　1957 年批准专业设置

专业名称	每年招生数	占全院招生总数百分比
1. 飞机设计	180	12%
2. 导弹设计	150	10%
3. 飞机工艺	180	12%
4. 空气动力学	60	4%
5. 发动机设计	150	10%
6. 液体火箭发动机	120	8%
7. 发动机工艺	150	10%
8. 陀螺仪表	90	6%
9. 航空自动控制	90	6%
10. 航空电气设备	60	4%

续表

专业名称	每年招生数	占全院招生总数百分比
11. 航空无线电设备	120	8%
12. 航空军械	60	4%
13. 航空工业经济及组织	90	6%

根据二机部的意见，将我院航空冶金系的金相热处理、焊接、铸造和压力加工 4 个专业调整到现在的西北工业大学，但后来我院保留了前 2 个专业直到现在。

值得一提的是，苏联专家反对我院设立空气动力学专业。他们认为，这个专业应设在综合大学，但我们没有采纳苏联专家的意见。我院建立的航空金属材料专业，在苏联也是没有的，但苏联专家并没有反对。

1956—1957 年新建的专业具有如下特点。

（1）我院在国内率先设立了导弹类的新专业。从抽调教师、聘请苏联专家到筹建设备，下了很大功夫。这些专业在国内，至今仍持比较高的水平。它们的设立，适应了航空和航天工业的需要，因而毕业的学生在航天工业战线上起到了骨干作用。

（2）我院建立了航空工业经济与组织专业。除工科专业外，我院也有了管理类的专业。虽然我们在主观上并没有意识到，但实际上我院已经开始向工管结合的方向迈了一步。

（3）空气动力学虽仍为工科专业，但蕴含理科成分，打破了苏联工科院校与综合大学严格区分的界限，包含理工结合的因素。

虽然如此，我院的专业设置仍然是苏联模式的继续。

1958 年下半年，我院专业又有了进一步发展。如 10 月成立了航空无线电系，12 月成立了计算技术教研室，并准备设立相应的专业。从现在来看，这些都是必要的。

3.1961—1966 年。这是专业压缩调整时期。1961 年，根据党中央的“八字方针”，我院对专业做了压缩和调整。

1961 年国防科工委第一次院校工作会议后，我院把专业压缩为 29 个；1962 年国防科工委第二次院校工作会议后，又压缩为 25 个专业，取消了原子能发动机系；1963 年以后专业数又略有增加；1965 年时，专业有 27 个。

中央提出的调整方针和 1961 年全国形势的变化，促使一些同志思考 1960 年专业膨胀失误的教训。吴云书和詹汉霖同志在 1962 年联名写给中央领导的信中提出，将每所学校专业数量减少到 20 个以下。假如一个学校每年招收学生 1200 人，每一专业为 60 人，则全校基础课教师需 200~240 人，加上每一专业平均需教师 20 人，则全校教师需 600~640 人。

1965 年 8 月 25 日，国防科委确定的我院各专业的学制为 4 年，总规模本院为 6000 人（其中研究生 200 人），专业设置如下表。

表 2　1965 年专业设置与规模

序号	专业名称	每年招生人数
1	空气动力学	30
2	飞行器结构力学和强度计算	25
3	陀螺仪与导航仪器	70
4	航空电气设备	90
5	飞机设计与制造	90
6	发动机设计与制造	90
7	高空与防护	70
8	金属学热处理	100
9	非金属材料及成型工艺	75
10	金属腐蚀与防护	75
11	有翼火箭控制系统与装置（四年半）	25（分院）
12	解算装置	30
13	弹道火箭弹体设计与制造（四年半）	24（分院）
14	有翼火箭弹体设计与制造（四年半）	25（分院）
15	液体火箭（四年半）	25（分院）
16	飞行力学与操纵（四年半）	25（分院）
17	雷达与导航	30
18	遥控遥测	50
19	飞行器工艺	75
20	发动机工艺	75
21	精密仪器制造工艺	100
22	焊接	90

续表

序号	专业名称	每年招生人数
23	机械制造工业经济与组织	75
24	航空仪表与传感器	70
25	无线电设备结构与工艺	70
26	自动驾驶仪	35
27	航空发动机自动器	35

4.1966—1976 年。这段时间，专业设置没有很大变化。

1968 年，北京航空学院体制小组提出《关于专业调查的一些初步意见》，制定出我院专业设置的四个方案。但这些方案后来都没有执行。

1970 年，我院设 28 个专业，名称如下表。

表 3　1970 年北航设置的专业名称

序号	专业名称	序号	专业名称
1	空气动力学	15	弹道导弹控制系统及装置
2	飞行器结构力学及强度计算	16	液压、气动、自动传动装置
3	陀螺仪表	17	弹道火箭设计制造
4	自动驾驶仪及发动机自动器	18	有翼导弹设计
5	电机电器	19	液体火箭发动机设计制造
6	航空仪表及传感器	20	固体火箭发动机设计制造

续表

序号	专业名称	序号	专业名称
7	飞机设计与制造	21	导弹飞行力学
8	涡轮喷气发动机设计	22	遥控遥测
9	飞机高空设备及防护救生设备	23	雷达导航
10	航空金属材料	24	飞机制造工艺
11	航空非金属材料及制件成型工艺	25	发动机制造工艺
12	金属腐蚀与防护	26	精密仪器制造工艺
13	导弹计算装置	27	焊接工艺
14	有翼导弹系统及装置	28	企业管理

5.1977—1990 年。1979 年，国防工办召开国防工业高等院校专业调整工作会议，会议提出了几个关于专业设置问题的处理意见。

（1）关于按学科还是按产品设置专业问题，提出以按学科设置专业为主，保留必要的产品专业。

（2）关于理科专业与工科专业问题，提出理工结合，以工为主。

（3）关于一些重点专业问题。

国防工办提出的这几个问题，在专业设置的指导思想上有重大意义。在这以后，我院积极探索专业设置的规律，并取得了一些成绩。

1980年，我院在专业设置上的一个重要发展，是关于“专业类”的设想。为了教学上的需要，把几个相近的专业合并为一个“专业类”，按专业类招生和培养，按专业分配。在同一专业类中，不同的专业有大约200学时的不同选修课。

1981年，我院共有10个专业类，27个专业，名称如下表。

表4　1981年专业设置

序号	专业类名称	包含的专业
1	材料科学与工程	金属材料、非金属材料、金属腐蚀与防护
2	无线电工程	微波技术与天线、导航、雷达、遥控遥测
3	航空自动控制	飞行器自动控制、航空陀螺与惯性导航、航空电器工程、航空仪表与测试
4	发动机设计	航空涡轮发动机、固体火箭发动机
5	飞行器设计	飞机设计、有翼导弹设计、高空设备
6	航空工程力学	固体力学、空气动力学、飞行力学
7	航空制造工程	航空焊接工程、飞行器制造工程、机械加工工程、生产过程自动控制工程
8	计算机科学与工程	电子计算机、电子计算机软件
9	流体控制与操纵系统	流体控制与操纵系统
10	航空工业系统工程	航空工业系统工程

1983年我院专业又略有调整，专业数增为29个，其中雷达和导航两个专业合并，称雷达与导航专业；增加钣料塑性成型工程、应用数学和机械设计三个专业。新建的应用数学专业，可促进我院理工结合的形成，是有基础和生命力的。新设的机械设计专业，适应了航空工业中一般产品的设计需要。

1982年，五届全国人大五次会议提出，过去专业划分过细，学生知识面狭窄，不能适应各项建设工作和继续深造的需要，对于毕业后的就业和转移工作领域也往往造成了许多困难，这种状况必须改变。根据这个意见，教育部着手对工科专业进行调整。1983年，教育部在成都召开会议，着重在学术上对专业设置进行探讨，这开了一个好头。会议之后，国防科工委也召开了专业调整的研讨会。在充分调研的基础上，1984年3月，教育部召开有200多位专家参加的专业审定会，确定工科专业从1982年的664种减为204种，军工专业则从88种减为51种。

1983年以后，我院积极参与教育部、国防科工委和航空工业部关于专业设置的研讨，同时对我院专业也做了调整。对原有专业，有的做了合并，如雷达与导航和无线电遥控遥测两个专业进一步合并为电子工程专业。有的专业更换名称，扩大专业面，如电气工程改为电气技术，陀螺与惯性导航改为惯性导航与仪表，高空设备改为飞行器环境控制与安全救生（制冷设备与低温技术）等。

根据航空工业的需要，为把我院建设为理、工、文、管结合，以工为主的综合工科院校，又新设置了 6 个专业：信息工程、管理信息系统、工业外贸、英语、思想政治教育、机械设计与制造。

根据以工为主的综合性院校所设的专业，在一定程度上拓宽了专业面。但由于经济体制改革和教学改革的深入发展，有的专业的专业面仍嫌过窄，不能适应新的技术革命的要求。特别是中央提出“保军转民”的要求以后，有些产品专业变成长线专业，供过于求，而通用专业的人数又感不足，出现了专业数太多，每个专业学生人数太少，办学的经济效益较差的不合理状况。因此，航空工业部要求我院继续进行专业调整是很有必要的。

回顾我校1954—1966年的政治思想工作

张有瑛

张有瑛（1924.3—2004.1），河北省沙河人，1953年任中共中央华北局宣传部干部，1954年9月任北京航空学院飞机系副书记、党委宣传部部长，1981年2月任航空工业系统工程系总支书记。

我是1954年调到北航工作的，先在飞机系担任了两年总支副书记，后调院党委担任了十年宣传部部长。回想当时的情况及兄弟院校和社会上的反映，北航有以下几个特点。

政治氛围浓厚

听到很多人说过：北航人对政治问题，对国内外形势特别关心，反应及时，而且强烈。北航政治学习抓得紧，积极要求入党的人多，党员比例高。集体主义意识强，组织性纪律性强，国防观念强。

北京常有国际性和全国性的重要政治活动，组织这些活动时，都少不了有北航的参加，而且都放在最重要的位置上，从未发生过任何问题。

那时收音机还不普及，所以每天早晨全院必播中央电台的新闻，从20世纪50年代起就形成制度，很受大家欢迎。每学期都得组织几次国内外形势报告，都是全院性质的大报告会，如果组织得少了，大家就强烈要求多组织一些。

每年的毕业生分配，党员往往带头服从分配，很多党员、团员还报名到最艰苦的地方去，很少听到过有不服从分配的情况。

还有一件事给我留下了深刻的印象。那时候召开的各类大、中、小型会议，不论是教师的、职工的、学生的还是全体的，大家都十分准时，到时就开，而且各种会议的秩序都很好。

总之，可以说那时整个校园形成了团结互助、尊师爱生、爱护公物、遵守纪律、讲究卫生的风气。

刻苦学习的风气高

北航的同学们带有一个普遍性的想法，觉得到北航学习的机会十分难得，对待学习都如饥似渴。我讲过政治课，也多次听过其他课，课堂秩序非常好，同学们都专心听讲、做笔记，没有迟到早退的，更没有无故缺课的，晚自习基本上都是在教室，没有给熄灯信号前，很少有人离开教室，勤奋学习成风。

曾经有个我认识的北京市的学生家长对我说："你们北航的学生没有星期日，同学们几个星期才回家一次。"的确，每星期日的上午，同学们大都在教室学习，下午洗洗衣服，处理一些生活问题或者参加班里的活动。

有几年，我曾经负责联系学生的工作，记得当时养成一个自然习惯：如果有事找学生，都是安排在星期日下午，因为别的时间不好占用。

为了抓紧学习时间，放假不回家的，或者晚走的，早回校的也大有人在。有的学生经家长一再催促才回家。

艰苦朴素成风

我多次听到过这样的议论："北航的教授不像教授""北航的干部不像干部""北航的学生不像大学生"。问其究竟，回答是："北航人穿着打扮都非常朴素，有点近似'土气'。"有的说："北航人特别谦虚。"还有的说："到你们北航的宿舍看看，都很朴实、节俭。"

后来我就有所注意，确实如此，特别是有些活动和兄弟院校在一起时，一比较就非常明显。北航的师生员工真有点前边所说的"三不像"。我和一些教师、学生、干部议论过此事，他们也有同感，而且都以此为荣。

有一个小班共 30 人，其中有 22 人穿补丁衣服，就连家庭经济条件很好的女同学也是如此，有的衣服是补丁上再加补丁。我还几次看到过，有的同学星期日进城，或几个一起去，都是步行去，步行回。问他们为什么不坐车？回答是："既锻炼意志和身体，又省钱。"还看到过有的同学打篮球时光着脚丫子，问他为什么不穿鞋？回答亦和前边一样。

我和同学“三同”[1]过，平时也经常去学生宿舍看看，回想那时的同学确实是艰苦朴素成风。不讲究穿着打扮，花钱能省即省，很少有吃零食、下饭馆的，在食堂和宿舍极少看到有剩菜剩饭和浪费的现象。

党的领导强，党支部成为各单位的政治核心

学校党委、各总支、支部的领导都比较强，特别是各个党支部，都成为各个基层单位——科、室、班级的政治核心。党的各项工作，最终都要通过党支部和党员的模范作用以及在群众中的工作贯彻落实。支书、支委在党员中的威信，党支部在群众中的威信都比较高。党支部对单位成员各方面的情况都能及时了解，既有威信又了解情况，各项工作都容易开展。各单位以党支部为核心，形成团结友爱、互相帮助的集体，保证了党的各项工作的顺利完成。

我在飞机系工作的时候深切地体会到，党的各项工作，最终都是靠党支部去完成的。在党委宣传部工作期间，及时掌握党内外思想动态，当好党委思想政治工作的参谋，也主要是依靠各总

1 指组织教师深入班级与学生实行“同吃、同住、同活动”（简称“三同”）。

支和支部。掌握了思想情况，就可以向党委提出切合实际的思想政治工作意见。

学校常请人来做报告，或者党委书记和其他院领导做报告。了解了思想情况，就可以联系大家的思想实际，在报告中实事求是地解决思想问题，提高大家的思想觉悟。记得有一次宋任穷同志来我院做报告，我到他家汇报过北航当时的有关思想情况，他非常满意。他在体育馆做的报告，紧密联系了大家的思想情况，效果很好。

历次的形势报告都是这样。尤其是经常的、大量的、具体的、多方面的、一人一事的细致的思想工作，更是依靠党、团支部主动、自觉地进行工作。

在教职工中，工会小组起了很好的助手作用。在学生中，由于低年级党员较少，团支部起了很大的作用。

形成上述的特点和风气，和我们整个学校继承和发扬了党的光荣传统——全心全意为人民服务是分不开的。党和国家领导人以及各级干部的模范作用，大家看到的、听到的、各种渠道传播的很多很多，这些无声的命令与号召，最有效地教育了全党和全国人民，带动了整个社会风气和学校风气。“人心齐，泰山移”，由于中国共产党在群众中的威信特别高，党的号召，群众都积极响应，党的各项工作都比较容易开展。

同时，也和我们全党重视思想政治工作分不开，当时是把思想政治工作作为学校一切工作的生命线，回想起来主要进行了下列各项工作。

（一）组织学习马列主义和毛泽东思想

我院党委把学习马列主义、毛泽东思想作为全院师生员工一门最重要的必修课，十分重视。党委书记、院长武光亲自领导4个政治教研室，后改由副院长马文领导。

院里曾成立“北航毛泽东著作研究会”，党委常委和政工干部参加学习；学生中成立“马列主义读书会”，学习毛主席著作和哲学，每周保证两小时学习时间。

全院涌现出很多对毛主席著作学用结合的积极分子，范兴言和李荻就是突出的代表。院党委还专门作出决定，号召全院学生向学习毛主席著作积极分子范兴言李荻学习。学习他们活学活用毛主席著作，生动活泼地主动地学好专业知识，德、智、体全面发展，自觉地把自己培养成无产阶级革命事业的接班人。

我校为教职工开设了哲学、政治经济学、中国革命史、马列主义基础等课程，凡没有系统学过这些课程的人都参加了学习。学习目的是学习政治理论，提高思想认识，主要掌握马列主义的立场、观点和方法，并联系实际改造思想。

在学生中，主要也是学好开设的系统的政治理论课。当时，同学们对政治课的学习都相当重视，各级党、团组织也都把组织好政治课的学习作为经常性的任务之一，及时了解学习情况，反映同学的意见和问题。在政治课考试中，极少有不及格的现象，如果谁的政治学得不好，就有一种自然的舆论压力，对党、团员更是如此。

为了理论联系实际讲好政治课，为了使一些老干部特别是政工干部深入教学密切联系群众，我院党委曾组织一些老干部，根据实际情况参与部分政治课的讲授。我曾在学生的党史课中联系实际，讲授了自己经历过的抗日战争部分。这类讲授，一般来说都比较生动、实际、深刻，同学们比较欢迎，政工干部也增加了联系群众了解情况的渠道。

在不同时期，根据当时的实际情况，我院党委在教职工中组织学习毛主席的有关著作。在学生中，组织毛泽东著作学习小组也是结合当时的实际有重点地学习。这类学习更容易结合实际联系思想，有目的地通过学习树立阶级观点、群众观点、劳动观点和辩证唯物主义观点，确立全心全意为人民服务的思想。

（二）通过参加社会实践和生产劳动进行四个观点的教育

列宁说过："只有在劳动中同工农打成一片，才能成为真正的共产主义者。”我们党中央也十分重视知识分子与工农相结合、教育与生产劳动相结合。学校党委曾组织师生员工到河北、山西参加农村社会主义教育运动，在农村与贫下中农“三同”。到工厂的几次生产实习和毕业实习，都强调了要拜工人为师，重视学习工人阶级的优秀品质。通过参加农村的社会主义教育运动，受到了实际的阶级教育，在与贫下中农的“三同”中和在工厂的生产劳动中，经受了锻炼，增强了劳动观点和群众观点，培养了劳动人民的思想感情，以及不怕苦、不怕累，艰苦朴素的优良品德和作风，什么脏活、累活都能干。回校后曾听不少同学说过：“脑海里经常有一些具体的、深刻的工人、农民的印象，他们在怎样的劳动和生活。”不少的事实都证明，那时候师生员工的思想脉搏跳动总是和广大的工农群众的情绪紧密地联系在一起，同时也和党领导的中华人民共和国前进的步伐联系在一起。

党和国家领导人参加了修建十三陵水库的劳动，院党委也组织了师生员工参加，我是带队人之一。回想起来，那种各级领导带头的、群众自觉的、积极的劳动竞赛，那种艰苦的劳动生活环境，真是锻炼人、教育人呀！

在校内也有多种义务劳动，比如修建原来的东、西操场，主楼前的共青团广场，西山实验基地，大绿园和荷花池，八八一厂（1958年8月1日开工兴建的校机械厂）以及“三个号”上天中的生产劳动，等等。这些都有显著效益和成果的劳动，我们现在都还在享受着。这些成果都是在各级干部带动下，师生员工共同参加的、完全是义务的劳动。虽然没有任何报酬，但当时劳动的热情、自觉性和积极性，不怕苦、不怕累的劲头都还历历在目，难以用语言形容。记得当时不少干部说过："劳动中最大的困难是动员大家适当休息。"

生产劳动确实锻炼了人、培养了人、教育了人，有的同学作诗歌说："过去劳动心发愁，现在劳动乐悠悠，学生架子连影丢，劳动感情扎心头。"有的毕业生在思想总结时这样说："我们通过生产劳动锻炼，拿起农具就是农民，开动机床就是工人，从思想感情上和工农群众贴得更紧了。"

（三）进行形势与任务的教育

国内外的形势，在不断地发展变化，我们的任务也就有所不同，对形势和任务的看法也往往不够一致或认识得不深刻。为了统一思想，正确认识国内外形势与我们的任务，特别重要的是需要将国际共产主义运动和国内社会主义建设事业同每一个人的工作、学习联系起来，站得更高些，看得更远些，以增强工作与学习的动力。党委非常重视形势与任务的教育，并将此作为政治思想工作的重要环节。

当认识提高后，就会更感到我们国防院校任务的重要性，很多同志、同学一再说："党和国家多么需要我们又快又多培养出自己的航空航天专家呀！"认清了形势，提高了觉悟，确实增强了工作和学习的动力。

（四）组织学习英雄模范事迹

祖国各条战线都有英雄模范，典型的力量是无穷的。比如黄继光、董存瑞、向秀丽、雷锋、焦裕禄、王杰、王进喜，等等。他们的英雄事迹、英雄形象、高标准的品德、思想，摆在大家面前，就会使每个同志测量出自己的差距和不足，从而开展向英雄模范学习的活动，提出"学英雄、找差距、比贡献"。

校内也涌现出不少先进人物和先进事迹，比较突出的有职工中的齐广明同志。他全心全意、不辞劳苦，为大家服务，还自力更生、勤俭节约，受到大家的称赞，成为全院的学习榜样。

学生中的范兴言，努力学习毛主席著作和英雄模范事迹，增强了自身的政治责任感，决心"做一个高尚的人，一个有道德的人，一个脱离了低级趣味的人，一个有益于人民的人"。他认为：人最宝贵的是生命——但他应当是给最大多数人的光和热的生命，而不是只会向人类吸取光和热的生命。他以毛泽东思想作指示，生动活泼地主动地学习，取得了丰富的经验和显著的效果，成为广大同学的学习典范，对广大教职工也有很多的启发。他的文章《听毛主席的话，生动活泼地主动地学习》，曾在北京市委刊物《前线》和《光明日报》《中国青年报》上刊载。《前线》还就此发表了社论，《中国青年报》在头版发起了“为了革命在德智体诸方面生动活泼主动发展”的讨论。

我院在学习英雄和先进人物的事迹时，还开展了“学、比、赶、帮”活动，即学先进、比先进、赶先进、帮后进，形成了“学先进、比进步”的热潮。

（五）结合运动进行教育

全国性的群众运动在学校也要进行，通过运动并结合学校的实际情况进行教育。

1958 年，党中央制定了“鼓足干劲，力争上游，多快好省地建设社会主义”的总路线，又提出了“教育为无产阶级的政治服务，教育与生产劳动相结合”的教育方针。院党委积极组织全院同志学习，并制订了教学、科研、设计、试制四结合搞型号的计划，贯彻执行中央的指示，特别强调了破除迷信，解放思想，敢想敢干，多快好省，提倡鼓干劲、争上游、学先进、赶先进，开展社会主义竞赛，全院师生员工被激发出前所未有的社会主义积极性。

很多设计室、实验室、加工间、部件装配间、总装间（在体育馆）昼夜不停，为社会主义作贡献。真是“轻伤不下火线”，太瞌睡了就用冷水冲冲头，工作效率之高从未有过。

广大师生员工得到了很好的锻炼，真是一次思想的进步，教学、科研、生产大丰收。我院还在国防部举办向中央军委汇报的“十一”献礼展览。

1964年和1965年，我国展开了农村社会主义教育运动。根据上级指示，我院曾组织师生员工到通县参加短期社教运动。后来又分两批组织3000余名师生员工到河北、山西参加了较长时间的农村社会主义教育运动，我都是带队人之一。在那种比较艰苦的生活条件下，我们长时间与贫下中农同吃、同住、同劳动、同学习，对农民的生活、思想感情以及勤俭朴实、不怕苦、不怕脏、不怕累的优秀品质，有了相当深刻的了解，并且建立了深厚的感情。回校时，都流着眼泪相互告别，有的回校后还继续保持着通信联系。

很多同学深有体会地说：“这段经历，终生难忘。”有的同学说：“很长时间以来，往往在吃饭、睡觉、休息、劳动时，或遇到什么问题时，头脑里就会出现贫下中农的影子。”炊事员同志也说：“从农村回来后的同学更注意节约了。”

（六）坚持党的教育方针

毛主席说，我们的教育方针是培养德、智、体全面发展的有社会主义觉悟的有文化的劳动者。根据这个要求，在学生中主要进行了又红又专的教育，正确处理好红专关系，要始终把红放在第一位，做到以红带专，全面发展。当时，李荻和范兴言同学就是这方面的典范，成为广大同学学习的榜样。李荻同学刻苦学习，成绩优良，五年中全部功课的成绩，除两门良好外都是优秀。她的口号是“为了共产主义事业顽强地学习”。

我院曾将学生在校办工厂实习改为参加生产的勤工俭学劳动，把教学与生产劳动结合起来，受到中央的肯定。《人民日报》《光明日报》和《北京日报》介绍了我院勤工俭学、勤俭办校的情况，并发表了评论。

在教职工中，主要坚持对同学全面负责的教育。学校是教育机关，所有工作人员都是教育工作者，教职工的言行直接影响着学生，关心学生的全面发展是每个教育工作者的职责。

思想政治教育，不仅政工干部和党团组织要管，全体教师更应把思想教育深入到教学中去，既教书又育人，既抓教学又抓思想。

学校本来就应该坚持以教学为主，保证师生把主要精力和时间用在教学上。虽然过去也受到过多次冲击，但大都及时纠正。

党委书记、院长武光同志提出：“宁给一百面白旗，也要保证教学这面红旗。”所以总的来说，北航还是基本上坚持了以教学为主的原则。

为了保证学生的身体健康，我校曾几次动员教师努力解决学生学习负担过重的问题，同时积极开展文化体育活动，春、夏、秋比较容易开展，冬季较难，为了调动同学们的积极性，就组织带有政治意义的长跑活动，如跑向延安、跑向井冈山等，每人都有距离指标，效果很好。在推行“劳卫制”时期，学生绝大多数都达到劳卫制一级标准，不少同学还取得了等级运动员的称号。在开展群众性体育运动的基础上，参加北京市和全国高校比赛时，我校多次获得过冠军并多次打破北京市和全国的纪录，还涌现了7名运动健将。航模队不仅获得过全国冠军，而且还破过4项全国纪录和1项世界纪录，被评为先进集体，光荣地出席了北京市文教群英会。

院里组织有话剧团、合唱团、军乐队、民乐队、舞蹈队等。这些组织多次在院内演出，有的还到院外演出。特别是工会的话剧团先后排演过《霓虹灯下的哨兵》《千万不要忘记》《为了六十一个兄弟》《同志你走错了路》《红岩》等大型话剧，演出水平相当高，受到有关方面的好评。我校曾多次组织全院师生员工观看，从而进行思想教育。话剧团也曾被评为先进集体，光荣地出席了北京市文教群英会。合唱团还曾多次参加音乐舞蹈史诗《东方红》的演出。

在三年困难时期，定量低，副食少，热量不够。我校总支书记下伙房，政治工作到食堂，并和广大后勤职工一起，在可能条件下，千方百计、努力设法搞好伙食。还组织了农副业生产，把产品平均分配给师生员工，以补充热量，同时也有计划地减少了师生员工的一些不必要的活动和负担，以保持大家的身体健康。

我院坚持开展评选先进工作者、优秀生、先进班和先进集体的活动。先进的基本条件必须是德、智、体全面发展。这就为每一个人、每一个集体树立了具体的学习榜样，促进了教育方针的贯彻落实。我院也曾被评为北京市文教战线先进集体。

（七）加强党内教育，充分发挥党员的先锋模范作用

高等学校的主要任务是培养又红又专的社会主义事业接班人。而完成任务最重要的保证，是充分发挥党员的先锋模范作用，继承和发扬党的理论联系实际、密切联系群众、批评与自我批评的三大作风。

党内教育根据党章的要求主要抓了两条：一是组织党员学习；二是开展批评与自我批评。同志们对待党内学习和组织生活都很认真严肃，所以效果都比较好。党员觉悟比较高，有了缺点、出

了问题都能及时解决。绝大多数党员和干部在各方面起了先锋模范作用。

在农村是“村看村，户看户，群众看党员，党员看干部”。学校也不例外，党员、干部很好地发挥模范作用，党组织的威望就高，良好风气就形成了，党的各项工作就容易顺利地开展。

从院里来说，武光同志的模范作用就很好。有很多星期日和晚上他都在工作，有时忙得顾不上吃饭，一边开会，一边用面包充饥。特别是在“三个号”（北京一号、北京二号、北京五号）上天时期，常常晚上还在各单位了解情况。有一个时期办公用房紧张，他带头搬到用施工队食堂改的平房里办公。有几次下大雨，他打着伞到平房（工棚改的宿舍）去看望职工，检查有无漏雨和危房。规定干部每年参加一个月的体力劳动，他首先带头完成。党委书记、院长都这样，别的干部就可想而知了。

回想起来，那时干部们的工作效率之高，模范作用之好，严格要求自己，关心群众生活等事例是很多的。

大家的工作都很刻苦，可以说晚上没有会议的情况较少，有不少星期天也是排得满满当当。我曾经担任过党委的组织员，当时规定新党员在批准前，先由组织员个别谈话，并签署意见。然而，平时不是自己没时间，就是同学在上课，那时候入党的人也比较多，我只好把谈话时间安排在星期日的下午。在任宣传部部长期间，我经常到外边听形势报告，回来还要及时传达或综合后传达。来回都是骑自行车，即便到人民大会堂去听周总理和彭真同志的报告也是如此。

广大党员干部的工作也都是很深入的，有些曾与同学“三同”，并经常联系一个班。我在党委工作期间，就曾和一个“三同”过的班从一年级一直联系到毕业，和同学一起把宿舍安排布置得既整齐又美观。可以说，那时对同学各方面的情况都非常了解。在山西参加社教运动时，县领导曾提出让我住在县城工作团机关，说便于联系各工作队，吃住条件当然也好得多。但是我宁肯自己多跑路，也要坚持到农村和同学们一起与贫下中农“三同”，这样了解情况更深入，同时也受到锻炼。参加修建十三陵水库时，我们这些带队的也都是和同学们“三同”。回想那时的干群关系，都是非常密切的。

那时的组织机构也是很精练的，工作效率都很高。我在飞机系工作时，总支的专职干部只有王敬明同志和我两个人，没有政治办公室。王敬明同志主管教师的工作，我和四个半脱产干部管学生方面的工作。五个年级近千人，对学生情况都能及时了解，各项工作任务也都完成得不错。

我在党委工作期间，院级的机构也很精练。比如院广播站，只有一个学生半脱产干部全面负责工作，所有的编辑、播音、机务都由同学义务负责。

在三年困难时期，我们听到党和国家领导人与全国人民一起过苦日子，不吃肉，不吃水果，吃野菜等不少事例，大家都被感动了。校内各级领导干部和师生员工同甘共苦，可以说没有不消瘦的，而且大都患了浮肿病，我也是其中之一。

对广大青年，特别是久居城市的人员从未遇到过的困难，大家团结一致，相互体贴，共渡难关。记得过新年时，我设法带了点好吃的去参加同学们的新年晚会。还记得有几个同学将他们分得的几个松花蛋送到我家里，当时内心难以接受，可是多方询问，始终没有找到送蛋人。我分析就是那几个同学，但谁也不承认。那时的心情，现在想起来还是暖融融的。

由于各级领导干部和党员的模范作用，广大群众和党一条心，共同努力，克服困难。很多同学把克服困难当作锻炼自己的机会，当作对自己的一次考验。虽然大家面黄肌瘦，可精神面貌却很好。在那种困难的情况下，我院还坚持了教学、科研等日常工作的正常进行。

在工资、级别问题上，牵涉每个人的切身、长远利益，除极个别人外，广大党员、干部没争级别闹待遇的。17级以上的党员干部普遍减过一次工资，有的党员老干部如王大昌同志，自北航成立以来，从未提过一次工资，而且还减过一次工资。还有一批老的党员干部在北航工作30多年，只是在一次普调工资时上调过一级。虽然如此，但从未听到过他们有任何抱怨和不满。还有一些党员干部，在调级时，坚持让出自己的上调级别名额，还有的同志主动提出降低自己的级别。

在学习马列主义毛泽东思想方面，各级干部党员层层带头、认真学习。很多同志在书中画不少圈圈、道道和各种记号，标出重点和个人体会最深刻的地方，有的同志还联系思想实际写了读书笔记。

学生中的党员、团员也自觉带头学好政治课。党支部、团支部都把组织好政治课的学习，作为经常的思想政治工作任务之一。

如果问政治思想工作最基本的经验是什么？我认为最主要的经验是必须把党风搞好，使广大党员和干部，特别是各级领导干部都能按党章办事，做到全心全意为人民服务，在各方面起先锋模范作用。那么党在群众中的威信就会无限高大，党的各项号召，群众就会积极响应，所有工作就会顺利开展。回想当时的情况，那真是“党指向哪里，群众就奔向哪里”。记得当时各级组织在做工作总结时或个人在写思想小结时，最后往往都要写上“千条万条，党的领导是第一条”。

为了培养德、智、体全面发展的社会主义事业接班人，我们要更好地继承和发扬党的政治思想工作的优良传统，实事求是地吸取过去的经验教训，一定要把党风搞好，一切从实际出发，把党的政治思想工作搞得更好。

北航科研工作的历史回顾和几点体会

刁正邦　黄泽梓　赵文利

刁正邦（1930.7—2020.12），上海奉贤人，1947年上海惠中中学高中毕业。1948年考入上海交通大学机械制造系，1952年毕业后，被分配到北京航空学院发动机工艺教研室工作，并于1952—1954年在北航苏联专家指导的研究生班学习两年。1954年4月加入中国共产党。1956—1982年，他主要从事学校教学、科研和组织管理工作，曾先后担任发动机系副主任、系主任，科研处副处长。原北京航空航天大学副校长，我国航空航天高等教育专家。

黄泽梓（1934.8—）福建人，1952年考入北航，曾参加“北京三号”“北京六号”等型号的研制工作，原北京航空航天大学副校长，1953年加入中国共产党。

赵文利（1939.10—）北京人，1962年8月毕业于北京航空学院，1963年在哈尔滨工业大学521教研室任教，1973年回到北京航空学院科技处，曾任学校科技处副处长。

历史的简要回顾

北京航空学院自1952年建院至1985年，科学研究工作已开展33年，按其特点，可分成五个阶段来探讨。

1.1952年至1955年

1952年我国高等教育进行院系调整，由8所院校航空系合并而成的北京航空学院面临的首要任务是：在苏联专家的帮助下，迅速把学校的教学大楼、实验室和宿舍等建立起来，同时抓紧制订教学计划、教学大纲，培养师资，编译教材，开展教学工作。各校集中在一起的115名专业教师，一开始不能也没有条件进行科研工作。直到1954年，高教部对我院进行全面检查时才提出："目前条件已具备，今后学校应采取积极态度，首先明确开展科学研究对航空工业与提高教学质量的积极作用……积极推动有条件开展科学研究的教研室和教师开展科学研究工作，创造经验……"1955年，学院制订了科研计划，提出的科研课题共有55个，参加人员60多人。课题内容主要是教学法研究、实验室建设及一些理论性项目，不少是读书报告形式。其中，常温电阻丝片研制成功，为飞机结构应力试验立足于国内创造了条件，成为我院第一项有较大经济效益的应用研究成果。随着我国社会主义建设对科学技术发展的需要，高等学校的科研工作便逐步开展起来。

2.1956 年至 1960 年

1956 年，中央提出“向科学进军”的号召，在高等学校内获得热烈响应。我院在十二年科学技术发展远景规划中提出：“在科学技术的发展上，要以原子能动力和其他动力，高空、高速、无人驾驶飞机，导弹，火箭设计和工艺为主要研究目标，顽强地开展科学研究，并在这些领域的研究上接近或达到世界先进水平。”北航的科研工作进入了全面开展的新阶段。同年，我院召开了第一届科学讨论会，根据十二年科学技术发展远景规划的三大重点——喷气推进技术、核反应堆技术和计算机技术的要求，与二机部四局合作，成立了空气动力学、飞机结构力学和喷气发动机原理 3 个研究室。1958 年，根据中苏科技合作协定的规定建立了陀螺仪研究室。1959 年，又建立了计算技术、控制系统和火箭发动机 3 个研究室。勇于创新，攀登尖端科学高峰，逐步成为我院科研工作的重要指导思想。

为开展应用研究和型号研制工作，试验设备必须先行。1958 年我院基本建成了自行设计制造、国内首创的超音速风洞、冲压发动机试车台、热应力试验设备。1959 年又基本建成了液氧车间、中型液体火箭发动机试车台和高空实验室。

1958 年 9 月和 10 月，在中央领导的关怀与支持下，经全院大协作，自行设计和研制的“北京一号”轻型旅客机、“北京二号”高空气象探测火箭（液体及固体火箭发动机各一种）、“北京五号”（AH-2 飞机）无人驾驶系统相继试飞或发射成功，填补了国内空白。“北京二号”和“北京五号”的技术水平分别和当时的日本、苏联相近。

1960 年，我院研制成功的推力为 15 吨的液体火箭发动机正式点火试车，冲压发动机地面台架试车达 400 多次，“北京十号”单人飞行器进行首次系留试飞，完成了“新 5 号”无人驾驶控制系统的自动起飞、空中遥控等试飞项目，“北京四号”高空高速靶机以高度 11 公里、速度 2 马赫助推火箭点火加速及分离试飞成功，充分表明了我院多科性工程学校具有完成综合性工程型号设计研究的优势，进一步填补了我国飞行器型号的空白，为我国航空、航天科学技术的发展探索了道路，作出了一定的贡献。

在科学研究的高潮中，我院研制成功的多通道磁带控制的电子计算机数字程序控制机床、叶片砂带磨床、爆炸成型工艺、化学铣削工艺、电加工工艺、超声波点焊工艺、陀螺转子动平衡机、电阻应变仪、光弹性实验仪、液浮陀螺、银锌高能电池、高速水银引电器等新工艺设备、新工艺方法、新仪器及器件和高强度铝合金、耐高温涂层等新材料，都属国内首创，或达到国内先进水平。

1958年，社会主义建设总路线调动了广大群众的积极性和创造性，我院科研工作所取得的成果表明，在群众中蕴藏着敢于攀登高峰、勇于创新的宝贵精神，培养了理论联系实际、自力更生开拓专业新领域的办学思想，提高了培养质量，走出自己的路子，为航空、航天科学技术的发展作出了一定的贡献。

值得一提的是，在苏联已不可能充分提供尖端技术的情况下，我院按照十二年科学技术发展远景规划的要求，从1956年开始筹建导弹系，抽调高年级学生进行培养，并通过自行设计、试验、研制火箭型号，为培养我国首批火箭导弹专业学生和提高教学质量创造了有利条件。这批毕业的学生，今天已成为航天工业科学技术和生产第一线的骨干力量和指挥人员。这是我国航天工业发展史上的一个重要史实。

3.1961年至1965年

我国国民经济实行“调整、巩固、充实、提高”的方针，高等学校在总结“大跃进”时期经验教训的基础上，进一步提出以教学为主的原则。同时提出，高等学校科研是一个方面军，要正确处理好教学与科研的关系。为此，我院的科研工作也进行了调整、压缩。

学校的科研工作虽然出现了“低潮”形势，但1965年我院仍进行了22项科研任务的鉴定，其中有精度达0.02微米的高精度陀螺动平衡机、高温高强铝合金等。另外，如 400 摄氏度高温应变片、28 路遥测设备、脉冲多普勒导航雷达等也都是国内首创的科研成果。

随着国家经济形势的好转和国防工业及军事科学技术的发展，我院在型号研制中锻炼成长出的一支多学科综合性科学技术队伍，以及在型号整机研制中所取得的成果受到国家的重视。1965 年 3 月，国防科工委在我院组织了对高空无人驾驶侦察机残骸的分析研究，又一次进行院内外大协作攻关，完成了自动驾驶系统和多普勒导航系统的实物恢复与研究以及飞机控制系统的联合试验，并进行了 J–69 发动机的测绘，开始多普勒导航系统及 J–69 发动机的仿制工作。1965 年 10 月，经军委批准，我院和六院协作，开始了对高空高速靶机（靶 –6）的整机研制。

4.1966 年至 1978 年

1966 年至 1976 年，在困难的条件下，北航广大师生员工继续进行两个型号的研制工作。1970 年修复的无人机第一次试飞；1972 年 11 月国产高空无人驾驶侦察机首次试飞；1977 年 5 月完成了无人机动力装置涡喷 –11 发动机地面定型试车；1978 年 5 月完成无人机设计定型试飞。

1969 年至 1972 年，曾进行 4 次靶 –6 试飞，其中 01 架发生前机身过载折断事故，1972 年因无法提供配套发动机等原因，又一次中止了研制工作。

1975年至1978年，我院的科研工作又有了较大的进展。

1975年6月，国务院和中央军委批准国防工办的请示报告，将飞行模拟机的研制列入国家计划，以北航为主进行歼-6飞行模拟机总体设计。我院先后抽调了飞行力学、自动控制、电子电路、光学、仪表、计算机硬件与软件、发动机等10多个学科的专业教师和技术人员达150人参加了此项工作，为国防科技事业作了贡献。

在此阶段中，还有一些科研项目的成果在国内处于领先地位，如跨音速压气机的理论研究和计算、断裂力学的理论研究和计算等应用理论研究。400摄氏度粘贴式温度自补偿高温应变片、磁粉离合器、6000吨和15000吨圆筒式橡皮囊油压机、无氰电镀隔钛合金工艺、小电流氩弧焊机、“助推-5”固体火箭发动机、66立方米零下80摄氏度低温实验室等相继获得成功。之后，全院师生以更大的热情投入学院的各方面工作，1978年全院科研项目增加到130多项。在全国科学大会上我院有26项[1]科研成果获得大会奖励，预示着我院科研工作将转入一个新的发展阶段。

1　经查资料，此处应是25项。

5. 1979 年到 1985 年

党的十一届三中全会后，在党的一系列方针政策的指导下，北航的科研工作进入了蓬勃兴旺的新时期。这一阶段，我院获得国家发明奖 11 项，其中一等奖 2 项；获得国家技术进步奖 9 项，其中一等奖 1 项；获得部及北京市科技成果一等奖 4 项。1981—1985 年，共获得国家级和部级科技成果奖 89 项。根据第一批国家技术进步奖获奖情况统计，北航获奖数在全国高校中名列第四。

这一阶段的科研工作有以下一些特点。

（1）理论研究、应用研究、技术开发多层次纵向发展，并将科研成果转化为生产力，成绩显著。我院宁榥教授及研究生高歌等同志发明的“沙丘驻涡火焰稳定器”，从气流旋涡稳定性的理论研究入手，经过大量的计算和应用试验研究，最后应用到涡喷 -6 甲 03 航空发动机的技术改进上，提高了推力，降低了油耗，取得了明显效益。在王德荣教授领导下开展的有限元理论研究，联系涡轮轴断裂事故开展的应用研究，在歼 -6 飞机发动机排故中效果显著，受到全国科学大会奖励。中年教授张其善同志等进行的遥测系统理论研究，发明了序率分割的第三种遥测新体制，通过样机试验，正式转让给工厂生产，获国家发明二等奖。

（2）发挥多学科综合性航空工程技术院校的特点和优势而进行的新型号研制任务，正式通过了鉴定，装备空军部队使用，填补了我国航空型号的空白。如动员全院绝大部分学科和专业进行综合性分析、研究、试制达 15 年之久的高空无人驾驶侦察机，于 1980 年 12 月在国家定型鉴定会上通过了设计定型，并以“无侦 -5”命名投产。1986 年初，该机首战立功。

由北航、125 厂和 303 所等单位协作，北航负责总体设计及数学模型、计算机软件、连接器及 8 套随动系统的研制工作，经过 8 年研制成功的歼 -6 飞行模拟机，于 1983 年通过国家鉴定验收，交付部队使用，获国家技术进步一等奖和航空工业部科技成果一等奖。

（3）新兴学科及交叉、边缘学科以及综合性科学研究工作脱颖而出，进入新的技术革命的前沿阵地。

一批在科学技术上有进取心的中青年教师、科研人员及部分老教授，勇于创新，克服困难，在计算机软件技术（如软件开发环境，超大规模集成电路计算机辅助设计，第五代计算机人工智能语言等）、非晶态物理（光信息存储）、光纤通信、机器人应用理论研究、复合材料、飞行器隐身技术及反隐身技术、柔性制造系统、计算机模拟与仿真、计算机辅助设计制造管理和可靠性工程等方面，有效地进行探索研究，在国内同行学科中居于前列。1986 年初，在国务院北京电子振兴办召开的北京地区电子及信息技术应用工作会议上，北航被评为电子及信息技术应用先进单位；

在优秀成果评选中，获得优秀项目二等奖 2 项，优秀软件一等奖 2 项（全北京地区软件一等奖仅 12 项），优秀软件二等奖 1 项。

（4）以航空为主，扩大科研面向，为国民经济服务。多种形式，多种渠道，开创科研新局面。

除坚持以航空为主的科研方向获得的上述成果外，近几年来在试验设备研制和各种机种的故障分析、排除等方面，我院也取得了可喜成绩。如三轴液压飞行模拟转台、挠性陀螺仪、高速数据采集处理系统、涡轮盘槽底裂纹延寿及有关机种的事故分析和故障排除等，效益显著。

1982 年，中央提出“经济建设要依靠科学技术，科学技术工作要面向经济建设”的战略指导方针后，我院更自觉地响应中央号召，为经济建设服务。除航空部门下达的任务外，还争取国家其他部门的支持，申请科学基金资助，与地方横向协作搞技术开发，参加北京市科技协作中心，参加多种联合体，多种形式地开展了工作。仅据 1984 年统计，计划内外项目近 800 项，经费总额近 1000 万元。技术开发硕果累累：“蜜蜂”系列超轻型飞机为国民经济多种用途服务探索了道路；磁粉离合器张力矩控制系统推广到民用工业收到显著效益；计算机字频词频统计为文字改革作出了直接贡献；民用液化石油气钢瓶判废及延寿研究成果在北京市推广可节约 3000 万元；微机的辅助设计、微机舞台调光系统、以微机为中心的工业三遥系统等微机应用项目，地震勘探火箭，BH-10数据放大器等，都已直接为国民经济建设作出了贡献。至1985年底，委托我院解决企业技术问题或签订科研合同已达683项，关系单位遍布24个省、市。

（5）走上国际学术讲台，开展国际学术交流和国际开发是我院近几年来科研工作的另一个特点。

1980年以来，我院先后聘请94名外国专家和学者来院讲学，派出近200人到国外参加学术活动和进行科研合作。在流体力学、复合材料、钎焊技术等10项国际合作课题中，有些已取得阶段性成果。1985年，在日内瓦举行的第13届世界新发明展览会上，我院陈仕贤副教授设计的“活齿针轮减速器”获得金奖。至1985年底，我院和国外联合进行技术开发和技术服务的合同已有3个，经国家投资与美国ECD公司联合研究的光盘新技术项目1个，与新西兰Progeni公司即将达成协议的新一代计算机教学系统，也是很有前途的国际科技开发性工作。以上这些活动的开展，使我国的技术成果进入国际市场，我院也向“面向现代化、面向世界、面向未来”的总目标迈出了可喜的一步。

（6）国家提出的“重点大学应逐步形成既是教学中心，又是科研中心”的要求在我院已初步实现。

我院是国务院第一批批准成立研究生院的高等学校之一，科研工作取得的成果已对国家经济建设作出了一定的贡献。学校参加科研工作的教师和工程师在总数1800人中已达1300余人；81届本科生毕业论文和毕业设计的题目有90%来自科研生产项目，83届研究生学位论文有70%是直接参加科研课题的；除50多个教学科研实验室外，已建立10个研究所、20多个研究室、3个研究中心，每年的科研及技术开发经费已超过教育事业费总额；实验室建设的投资，一半来源于科研经费，有些同时可为教学、科研服务的重大试验设备，其水平和规模得到国内外的好评。美国MIT（麻省理工学院）宇航系主任多次访问北航后提出：北航在航空发动机研究及教学方面的水平以及试验设备都不亚于麻省理工学院。到1985年，全院在计算设备方面有IBM−4341-Ⅲ和IBM−370/158中型机2台，VAX−11/750及PDP−11/44等超级小型机10台，各种微机200多台，计算机终端300多个。计算机系教学计划规定，学生上机时间为600小时，其他系学生上机时间为300小时。这样优越的设备和工作条件，为科学研究及技术开发提供了良好的服务。北航的科研工作和教学工作一样，已在学校各方面工作中起着中心的作用。

北航科研工作对航空工业及经济建设的直接贡献

自北航建院以来，国家和航空工业部对北航的建设和科研工作，给予了很大的关怀、支持和投资。北航把科研工作纳入航空工业科技开发和生产规划，根据航空科技发展、航空型号开发和航空产品生产中的需求来开展科研工作。

20 世纪 50 年代末和 60 年代初，北航研制出我国第一架自行设计、制造的轻型旅客机“北京一号”，发射了亚洲第一枚固体火箭发动机和液体火箭发动机的高空气象探测火箭，成功研制中国第一个无人驾驶飞机控制系统，进行了国内首创的高空高速靶机的试飞研究以及 15 吨推力液体火箭发动机、冲压发动机的地面试车研究。之后，又研制成功了我国第一种多普勒导航雷达，第一种液浮陀螺仪。20 世纪 70 年代末 80 年代初，由北航研制的国产第一种高空无人驾驶照相侦察机“无侦 -5”完成了定型、投产，这种侦察机已在保卫祖国神圣领土的战斗中参战立功。由北航为主设计并承担了其中若干硬件设备及软件研制的第一种国产飞机飞行模拟机通过鉴定及国家验收，并已在第十一航校投入训练使用。近年来研制成功的我国第一种超轻型飞机，已由最初的“蜜蜂 2 号”发展为“蜜蜂 3 号”“蜜蜂 4 号”等新型号，最近又研制成功我国第一种热气飞艇“蜜蜂 6 号”。除此之外，北航在

歼教 -6、歼 -7、轰 -6 丁、运 -7、运 -8、运 -10 等型号的开发中也承担了一定任务。

在航空产品生产中，围绕着现役飞机的主机、辅机的排故及延寿问题，北航做了大量的工作。仅 102 教研室金属断裂故障分析科研组，从 20 世纪 70 年代以来就完成了 50 多项主机及辅机的断裂故障分析任务，解决了质量事故，使工厂及时恢复正常生产。1975 年，涡喷 -6 发动机连续发生涡轮轴断裂事故，几千架歼 -6 飞机面临停飞困境，北航及时完成了带有台阶的喇叭形涡轮轴的应力分布计算分析任务，使故障得以早日排除，受到航空工业部和空军的好评，并得到全国科学大会奖励。1983 年春，歼 -8 飞机定型前夕，第十一航校一架歼 -8 飞机坠毁，造成歼 -8 飞机停飞、停产待查，定型工作延期。在这紧急关头，北航、西工大和南航三院校和航空工业部 621 所合作，迅速完成了故障分析及排除工作，使歼 -8 飞机恢复生产和使用。北航和兄弟单位取得的涡喷 -6 发动机涡轮盘槽底裂纹延寿成果已在空军中推广使用，并获得很大效益。

在预研方面，仅以“六五”时期为例，从 1981 年到 1985 年，北航承担航空工业部下达的航空关键课题及专业研究课题共 210 项，同时还承担其他部委的研究课题 41 项，中科院科学基金课题 16 项，这些课题大部分都已按期完成，并取得较高水平的科研成果。航空工业系统获得的两项国家一等发明奖，有一项是由北航独立完成的；另一项为 320 厂、303 所和北航共同完成。无论在国家级奖励还是部级技术进步奖方面，北航都是获奖较多的单位之一。在预研方面的成果，许多已在生产、科研及型号开发中得到应用。例如“沙丘驻涡火焰稳定器”这一发明，经 410 厂、320 厂、606 所共同协作，成功地用于改进涡喷 -6 甲 03 航空发动机上，提高了推力，降低了油耗，满足了强 -5 加大航程型飞机对高性能发动机的需要，也为发动机厂创造了较大的经济效益。又如，遥测系统新体制的科研成果，对电子设备赶超世界水平作出了贡献。在测试仪器方面，北航研制的 BH-10 数据放大器转厂生产后，各厂家生产上千台（社会上型号为 SF-72）。XJ-200 型双百巡检低速数据采集系统转厂生产后生产约 30 套，装备了航空、兵器等部委系统许多科研及生产单位。700 摄氏度和 800 摄氏度温度自补偿应变片及应变胶已远销美国的 NASA、GE 公司、PW 公司等著名的科研机构及航空工厂。北航进行的隐身及反隐身技术、主动控制技术、复合材料、总线技术、断裂力学、发动机燃烧、叶片机颤振、摩擦磨损、流态显示、高速碰撞、附面层等研究，都为航空工业赶超世界水平做出必要的技术准备。

先进的工艺方法和科学的系统工程管理方法，对航空工业生产水平以及产品质量的提高有十分重要的意义。我院研究的爆炸成型、橡皮钣金成型、钎焊工艺、复合材料切削加工、胶接工艺、化学铣削工艺等新工艺方法以及切削测力仪、高精度动平衡、橡皮液压机、双向拉伸试验机、静压轴承、磁流体润滑、新型机械传动、计算机辅助设计制造、柔性制造系统等研究成果，为提高航空工业生产技术水平、促进技术改造也作出了贡献。如在进口飞机的维修中，由于采用了我院和兄弟厂所发展的无氰电镀镉钛合金技术，取代了原用的美国专利工艺，仅民航北京维修基地在使用后两年内就节约外汇近 100 万元。在应用系统工程的方法提高企业管理水平和保证航空产品质量方面，我院也做了不少工作。在可靠性系统方面，开展了航空产品定寿研究，完成了航空抗荷服定寿，并将根据可靠性系统工程的理论及方法确定部件及产品寿命，在航空工厂中推广。

航空院校在重大的先进科学实验设备和装置的自行设计、试制和建设工作中，也做了大量工作。就北航而言，在国内属于首先设计、制造、调试成功的有：超音速风洞、三自由度液压拟转台、大型模拟高空环境实验室、液体火箭发动机试车台、冲压喷气发动机试车台、单双级压气机试验台、热应力试验装置、双百巡检装置、高速数据采集系统等。这不但为学校本身实验研究创造了条件，而且由于先走了一步，为航空工业实验基地的建设探索了道路、提供了经验。

我院用先进的军工科学技术支援并解决民用生产中的技术问题，为经济建设服务，取得了重要效果。例如，原用于“无侦-5”飞机的磁粉离合器张力及力矩控制系统，根据民用工业发展需要，推广应用到彩色胶印机的研制中，不仅打破了外国封锁，掌握了国际先进技术，而且促进了生产及外销，使我国从这类彩印机的进口国变成出口国。以后，这项技术又推广到船舶传动、快速布缆汽车、中速磁带机、仪表游丝拔丝等20多种行业、100多个厂家。这一技术推广到仪表游丝拔丝业后，使产品合格率由65%提高到97.6%。对这项技术，国家仪表总局主持了技术鉴定，给予高度评价，并决定推广。在微机推广应用方面，也取得了较大成效，微机舞台灯光控制系统和微机辅助服装设计系统被评为应用项目二等奖，汉语词频统计软件和微机软件开发环境两个软件被评为优秀软件一等奖，计算机辅助超大规模集成电路版图设计软件被评为二等奖。发挥多学科优势，综合金属物理、断裂力学、热加工工艺、腐蚀科学、可靠性数学、液压技术、系统科学等学科力量，北航承担了北京地区民用石油液化气钢瓶判废及延寿研究任务，由上百名教师及许多研究生、本科生参加，经过两年的工作，提出了北京地区民用石油液化气钢瓶的判废标准，制定出简便易行而可靠的检验标准方法，大大简化了理化检测，只北京市90万钢瓶一次普查判废即可节约3000万元。这90万只钢瓶，由众多不同厂家制造，所用材料有日产及国产等多种材料，质量差异大，使用期限不同，受到的锈蚀、磕碰程度不同，钢瓶的失效形式又有机械损坏、裂纹扩展、应力腐蚀断裂、焊缝区强度减弱、冲压加工中局部减薄造成强度不足等多种可能。此项科研工作关系到人民生活和生命安危，而且其技术难度及综合复杂程度又都是少见的，北航完成这项科研任务后受到全国各方面技术专家高度评价。这一成果荣获北京市科研成果一等奖和国家技术进步二等奖。截至 1985 年，北航在开展技术服务方面的协作合同已达 386 项，合同总金额 1129 万元，成为北京市科技协作中心的骨干单位。这都反映了社会对我院的信任，也反映了我院对国家经济建设作出了一定贡献。

北航58届教学实践历史回顾与思考

徐学贤

徐学贤（1929.1—2008.10），湖北宜昌人，1953—1956年在北京航空学院飞机系工艺教研室、院教务处生产实习科工作，1984—1987年在研究生院工作，任研究生院院办副主任。

1953年，我国正处在社会主义建设和改造初期，缺乏建设经验。这时，党中央及时提出了向苏联学习的方针。北京航空学院在向苏联学习的方针指导下，开展了建校和教学工作。就在这一年，我院第一次以北京航空学院的名义招收了五年学制的本科生。我们回顾一下在58届教学过程中的历史经验，会从中得到一些启迪。

教学基本情况与特点

1. 比较重视系统、完整的理论学习

这个阶段的教学有一个重要的特点，就是安排了比较完整和比较系统的理论学习。学生总共要学习30多门课程，包括从基本的数理化基础，到工程设计应用和从设计、工艺到管理方面的课程。总之，对于一个工程师应具备的基本理论和应用方面的课程，都做了充分的考虑。所用教材绝大部分是采用苏联的，教材内容比较系统完整，而且具有相当的深度，是我国过去航空专业的教材所不及的。但经过一段时间的教学实践，也发现了一些问题，如专业分得细，基础面窄，教学计划庞杂，课程门数和总学时多，学生学习负担过重等。这对培养学生独立工作能力和创造精神十分不利。如我院发动机设计专业，教学计划规定30多门课程，这样学生每周学习时数就要突破教育部的54小时的规定，达到60小时或70小时。有的班级连续4个学期安排9门课程的教学，造成学生负担过重。其主要原因，是照搬苏联的教学计划，没有很好结合中国教师和学生的实际。

2. 比较重视实践性环节

在教学计划中，除了与课程教学相配合的实验课外，安排的实践性环节比较多，也比较全面。这些实践性教学环节主要是：三次去工厂参加生产劳动，进行生产实习；三次课程设计和毕业设计。

三次生产实习包括：第一次生产实习是学生用4至6周的时间去工厂，以工人或工人助手的身份参加车间的生产劳动。要求他们学习到两种以上的加工操作技能和其他专业知识，并到其他车间参观学习。由于第一次下工厂，参观学习的分量较多，有的单位称它为认识实习。第二次生产实习是学生用6至8周的时间到工厂，以工人或工人助手的身份参加生产劳动。要求学会一两种生产技能。这两次生产实习，除了学习技术之外，还要求学生向工人同志学习，学习他们的劳动组织性、纪律性和工人阶级的优秀品质。第三次是毕业前实习，时间为8至10周，这次实习要求以设计员或工艺员的身份或他们的助手身份参加工作，并收集毕业设计所需要的资料。这三次生产实习的效果都很好，它发挥了三方面的作用:(1)巩固了所学理论知识;(2)学习了工业生产的劳动技能，有不少学生学会了有关专业的劳动生产技能，还取得了二级工的资格;(3)增加了工业生产的感性知识，扩大了知识眼界，并学习到一些工人同志的优秀政治品质。

三次设计实践性环节包括:两次课程设计和一次毕业设计。前者是产品部件性的设计，目的在于巩固所学的中心课程。后者则是综合应用所学理论知识和生产实践知识去解决某一产品设计或工艺设计问题，目的是培养学生独立分析与解决实际问题能力，是在最后一个学期进行，一般安排半年时间。

通过这些实践性的教学环节，学生在学习期间就接触了社会和生产实践。针对未来工作的需要，他们接受了比较完整的训练，了解和掌握到一个工程技术干部应具备的基本知识和基本技能，为以后走向工作岗位打下了较好的业务基础。应该说，这是以前的教学方式所达不到的。

3. 教学和科学研究相结合

教学和科学研究相结合是当时教学上的另一个主要特点。为适应我国社会主义建设的新形势，在高等学校中提出了开展科学研究的要求，我院也出现了群众性开展科学研究的形势。我院先后提出了一号(飞机)、二号(火箭)、五号(无人机)研究设计任务，客观上为高年级学生参加科研创造了条件;另外，在前一段勤工俭学的基础上，我院按照教学、科研、生产三结合的指导思想，在教学上展开了比较重大的变革。这种变革首先表现在毕业设计上，那时我院五年制第一届学生正在进行毕业设计，他们多数已完成大部分工作量，将毕业设计这一教学阶段直接同科研任务结合起来，完成最后一个阶段的毕业设计任务就成为形势发展的要求。58届学生就是从该年5月开始参加到科研任务中去的。这对科研任务的完成起了积极的作用，并作出了重要贡献。由于他们是从教学训练转到科研实践并以一个设计员或工艺员的身份参加工作的，从而获得了一个比较理想的学以致用的机会，使他们在专业上得到极为重要的锻炼，大大提高了他们解决科技问题的独立工作能力，毕业后能很快适应工作的需要。

这种教学、科研、生产三结合的做法，虽然有当时历史背景的特殊性，但它具有普遍的意义。59届、60届在58届学生教学实践的基础上又继续取得了很大成绩与经验。实践证明，这一做法既学习了苏联的经验，又结合了我国的实际情况，为办好高等学校、培养高级专门人才迈出了新的一步。

实践的检验

1962年，我院由院长武光同志亲自带领教育质量调研组，前往航空工业部（三机部）所属沈阳各厂及航天部（原国防部第五研究院）进行毕业生质量调查，听取了研究院、研究所以及工厂的设计与生产部门对我院58届、59届、60届毕业生的看法和意见，也听取了毕业生代表们的反映。

1. 关于毕业生的政治质量方面

研究院、研究所以及工厂的设计与生产部门对这几届毕业生的政治质量普遍反映较好。他们说："思想觉悟较好，政治上要求进步，好学上进，工作积极热情，热爱专业，对部队有感情，干劲大，作风简朴。"

2. 关于毕业生的业务质量方面

总体反映也比较好。研究院的同志说："北航重视基础理论教育，工作转得快，独立工作能力较强，思路较广。"工厂的同志说："北航来的，业务上能胜任，专业知识多，毕业以后半年之内都独立工作，一般都能带动别人，很快成为技术骨干，一年到两年即可担任组长。"

3. 关于在教学中贯彻教学、科研、生产三结合方面

研究部门及生产部门的同志对教学、科研、生产三结合的做法一致表示肯定。他们说："58届、59届搞过'号'的（指参加过产品型号设计任务的），工作方法要好些，来车间后搞装配实验工作显得区别很大。"

除此之外，毕业生对三结合做法的好处也有较多的反映。如59届发动机设计专业的毕业生说：“我们11人毕业后，就被分配到设计室工作，学习的课程基本都能用得上，两个月就能胜任设计工作。”又说：“在校真刀真枪搞设计，对设计过程、实际知识、工作方法和资料选择都好些。”有的同学说：“在学校搞过‘号’的设计，来厂后好像只换了个工作地点，从学校到工厂适应的时间缩短了。”大家反映：“搞了三结合，来厂搞设计很快就能熟悉起来。”

我院这三届毕业生被分配到这儿的共1300余人，占三届毕业生总数的60%以上，因此这些反映具有较大的代表性。

总之，根据以上所述，可以得出这样一个概念：这几届毕业生离开学校参加到科研、设计、生产中去，能很快地适应工作，政治思想表现较好，独立工作能力较强，一两年后即可胜任工程师的工作，实现了学校培养人才的目标，因此这段时期的教学实践是比较成功的。

思考与启迪

在回忆58届的教学实践时，引起了我们对一些问题的思考。

1. 教育与生产劳动相结合在高等工科教育中的地位与作用

教育与生产劳动相结合是马克思主义教育学说的基本原理。即：生产劳动和教育的早期结合是改造现代社会的最强有力的手段之一；它不仅是提高社会生产的一种方法，而且是造就全面发展的人的唯一方法。列宁在十月革命前说过，没有年轻一代的教育和生产劳动的结合，未来社会的理想是不能想象的；无论是脱离生产劳动的教学和教育，或是没有同时进行教学和教育的生产劳动，都不能达到现代技术水平和科学知识现状所要求的高度。1958年，党中央提出了教育与生产劳动相结合的方针，指导着全国的教育工作。

我院58届的教学在这方面（教育与生产劳动相结合）进行了有意义的实践，学生在学习期间安排下厂进行生产实习，既参加了大工业的生产劳动，又学习了现代化工业生产知识，把教育和生产劳动结合起来，并在一定程度上体现了体脑结合的重要思想。同时，在毕业设计中的教育和科学研究相结合，使教育和生产劳动的关系在实践中有了进一步的发展。实践说明，正是因为学校贯彻了教育与生产劳动相结合的这一方针，才使学生毕业后能很快适应工作的需要，在技术工作中成为骨干力量，在工作岗位上发挥了十分重要的作用。

党的十一届三中全会以后，经过拨乱反正，教育工作又回到了正确的轨道上来。但是如何正确地理解和贯彻教育同生产劳动相结合，还有待进一步实践和探讨。如学制和生产实习时间缩短，客观条件受到限制，以及在学生和教师中出现了重理论轻实践的倾向等问题，我们应该认真总结历史经验，进一步实行学校、科研部门、生产单位之间的和校内的教学、科研、生产之间的两个三结合。因为只有这样，才能培养出时代所需要的人才。

2. 学习外国经验要和我国实际相结合

20 世纪 50 年代，在高等教育方面我们学习苏联，开拓了眼界，学习到许多新的经验。在我院教学中，第一次实践了教育与生产劳动相结合的具体做法，即前面介绍的三次生产实习，同时又结合我国实际情况，从勤工俭学开始，发展到教育、科研、生产三结合，使我院的教育工作沿着社会主义的方向迈出了重要的一步。但也有一些问题，如教学计划安排上搬用苏联的做法较多，造成学生负担过重，这是应该汲取的教训。

3. 解放思想，勇于实践，不断开阔人们的视野

从 58 届的教学实践中给我们一个重要的启迪：解放思想，勇于实践，不断开阔人们的视野。这一点在科学研究方面表现得十分明显。1958 年前，在广大教师中，不少人把科学研究视为高不可攀的学术领域，一般人是不能问津的。1957 年前，我院虽有少数教师开展科学研究，但大范围的科学研究一直未开展起来。1958 年，党提出了解放思想的号召，人们的视野大为开阔，因而

工作局面大为改观，在短期内群众性的科学研究轰轰烈烈地开展起来了。不只教师开展起来了，学生也参加进来了。这在北航历史上是一个重要转折点，并为我院科学研究打下了思想基础和工作基础，使我院科学研究30多年来一直蓬蓬勃勃地发展着，这个事实说明，只要我们坚持解放思想，勇于实践，就会拓宽我们的视野，在工作上做出新的成绩。

学生的毕业设计和飞机的设计制造相结合
——回忆“北京一号”轻型旅客机的诞生

王敬明　许建钺

王敬明（1918.10—2006.9），山东费县人，1937 年 4 月在费县师范讲习所读书期间，加入中国共产党，同时参加革命工作。1954 年 11 月，王敬明同志来到第二机械工业部，被分配到北京航空学院工作，历任飞机系党总支书记兼行政副主任、院长助理、院党委副书记、副院长等职，负责人事、科研、生产、保卫等方面的工作。原北京航空学院副院长，“北京一号”生产分指挥。

许建钺（1927.8—1995.6），广西万乘人，1950 年毕业于清华大学航空工程系。1950—1952 年在华北大学工学院工作，曾任系秘书、党支部书记。1952 年全国院系调整时，进入北京航空学院工作，先后担任教研室副主任，飞机系副系主任，科研部副主任，基础课部副主任、主任，教务处副处长、处长，院党委委员，校务委员会委员等职。

“北京一号”是飞机设计、飞机工艺、空气动力学三个专业毕业班学生的毕业设计结合生产实际，在教师的参与和指导下，与工人相结合设计制造的轻型旅客机。它的设计制造经周恩来总理批准，国务院有关领导、有关部门和单位都给予了极大的支持和支援。北航参加设计制造的教职工和学生达 1000 多人，在飞机制造厂技术人员和工人的协助下，经过积极努力，刻苦奋斗，克服了很多困难，完成了设计创造，并于 1958 年 9 月 24 日在北京东郊首都机场，举行了命名试飞典礼。随后，“北京一号”又进行了从北京东郊机场到上海龙华机场之间的航线试飞，飞行高度 1500 米，时速 300 公里，往返航程 2500 公里。试飞结果表明：轻型旅客机各系统的工作均正常，飞行质量、飞行性能良好，具有良好的操纵性和稳定性。至此，新中国自行设计制造的第一种轻型旅客机诞生了。

问题的提出

北航在 1952 年建校后，教职工通过不断地学习马列主义、毛泽东思想，对教育与生产劳动相结合的原则有了一定的认识，在工程实践的训练水平上逐步提高。在 1954 年、1955 年两届学生的毕业设计完成以后，部分教师萌发了是否可以把学生的毕业设计和真实的飞机设计结合起来的念头。1956年，党中央发出向科学进军的号召，这种想法就更为强烈了。1957年3月，武光院长向全院教职工和学生作了"发扬艰苦奋斗的精神，贯彻勤工俭学的方针"的报告，院党委决定，把飞机系作为勤工俭学的试点。勤工俭学的开展，更加促进了人们的思考——应当把这种设想付诸行动了。

1957年初，飞机构造与设计教研室在研究1958年毕业班学生的毕业设计时提出：过去学生的毕业设计都是假拟题目，进行一架飞机的总体设计和某部件的部件设计，虽然对训练学生的工程设计能力有一定的帮助，但不如参加真实飞机的设计。而教师要培养飞机设计工程师，更应当具备设计飞机的实际能力。教师去飞机设计单位锻炼，每次只能少数几个人，按这个速度全教研室的教师轮一遍至少也要10年，如果能在学生的毕业设计中结合生产实际设计一种真实而完整的飞机，则教师和学生都可以从中受到全面而深刻的实际锻炼。

经过充分的讨论研究，徐鑫福主任代表教研室于1957年6月，向院系领导提出了1958年毕业班学生的毕业设计，在教师的指导下设计一种真实飞机的设想。院和系的领导经过研究，同意并支持飞机构造与设计教研室的这个大胆设想。

飞机工艺教研室积极响应这个倡议，随即也提出要求，把

1958年飞机工艺专业毕业班学生的毕业设计，改为结合生产实际，把飞机设计专业的教师和学生所设计的飞机制造出来，院和系的领导同意他们的要求，并上报第二机械工业部和高教部请求审批。

设计工作

1. 设计制造一种什么样的飞机

对于设计制造一种什么样的飞机，教职工和学生的共同愿望是根据学校的情况，力所能及地设计制造一种为新中国建设事业所需要的飞机。为此，我校在1957年下半年先后派人前往有关部门进行调查研究，征求意见，以便根据使用部门的要求，确定机种，进行设计制造。当时，地质部提出，飞机要有探矿设备、可以进行探矿。卫生部提出，飞机应能到达山区和边远地区进行紧急救护。林业部提出，希望飞机能用于播种、灭虫、防火、灭火。民航局提出，需要能在春、夏、秋三个季度用于播种、施肥、灭虫，冬季又可在短途航线上运送旅客和货物的多用途飞机。经过调查研究后，我校确定设计制造以农业为主的多用途飞机。

1958年5月，中国共产党第八次全国代表大会第二次会议通过了“鼓足干劲，力争上游，多快好省地建设社会主义”的总路线。在会议期间，交通部提出：我国地域广阔，交通不便，特别是山区和边远地区，很需要一种适用于县与县、省与省以及中等城市之间的广大地方航线上的小型客机。

1958 年 6 月，院党委开会，传达贯彻执行中共八大二次会议的精神和“总路线”。同时，也讨论了交通部提出的需要小型客机的问题。会议同意按交通部的要求，设计制造客机。但在当时，按多用途飞机设计制造的工作已经开展，还能不能改？改了还能否向国庆节献礼？这都需要发动干部和群众进行讨论。

在讨论中大家都从新中国的建设事业出发，积极地发表了各种各样的建设性意见。经过深入分析研究和反复考虑，结合国家的具体需要，院党委最后决定，“北京一号”由多用途机改为旅客机。

飞机系和设计室根据院党委的决定，采取了发动群众提出修改设计方案的办法。各设计组为了提出一个更合理、更好的设计方案，立即行动起来，进行研究，设计员们实干加苦干，找资料、算性能、绘曲线，深入细致地进行研究而彻夜不眠。先后提出了 11 种设计方案，经过辩论评比，最后确定采用气动组和机身组联合提出的设计方案。这个方案突出地考虑了短途旅客机的使用要求，提高了飞机速度，增加了乘客的座位。

2. 总体设计方案与飞机模型空气动力试验

“北京一号”的使用技术要求是根据需要与可能确定的，经过大量的计算，定出了飞机重量、速度、升限、爬升速度，以及与之相适应的气动参数等，并且绘制了三面图。按照三面图，制作飞机模型（飞机模型与“北京一号”的比例为 1 ∶ 20）。在空气动力学教研室的风洞实验室内，经过几十次的吹风试验得出了优化后的飞机外形。以此，确定了“北京一号”的总体设计方案（飞机三面图和部位安排图）。

3. 部件设计与零件设计

飞机模型经过空气动力试验，取得了满意的结果。紧接着在 1958 年 2 月，周恩来总理肯定了我院设计制造飞机的消息传开了，群情激奋，在各飞机制造厂与设计所实习的教师和学生陆续返校。随后，部件设计和零件设计工作全面展开。

首先要设计部件的装配图，有运动配合关系的还要绘制运动协调图，随后要设计全部的零构件图纸。所有的设计图纸都是指导生产的依据，应有良好的工艺性，并应尽可能采用标准件。

在设计中，一个很重要的问题是控制重量，既要保证强度和刚度，又要减轻结构重量。但是在设计中，有些材料买不到，不得不另选材料代用。例如，机翼的大梁突缘，原设计为高强度铝合金挤压型材，但没有买到，只好采用高强度钢板弯成的角材代替，这就增加了重量。采用代用材料，全机重量势必大大增加，从而影响飞机的性能。因此，为减轻每一克重量而奋斗，就成了设计人员的共同目标。

经过设计人员的共同努力，全机重心最后实测的结果，虽然在 19% 平均空气动力弦的位置，比原设计位置偏前了 5%，但还是保证了飞机的稳定性、操纵性。只是全机的结构重量增加了，较原定的有效载重有所减少。

设计中的另一个问题，是缺乏设计资料。例如，螺旋桨是苏联制造的，但是该螺旋桨的特性曲线没有，致使气动计算中所取的螺旋桨效率偏高。最后试飞的结果，性能数据都比原设计的数据低。

在设计工作中，缺少设计资料、生产材料，设计人员无经验，又要在短期内交出图纸，面对这种繁重而艰巨的任务，设计人员并没有退缩。他们在“总路线”的指引下，振奋精神，团结一致，艰苦奋斗，克服困难，加班加点，苦干加巧干，几乎每天都忙到凌晨一两点钟，或彻夜不眠。他们从没有叫过苦、喊过难，人人自觉地做着无私的奉献。设计室的领导同志为爱护设计人员的身体健康，曾规定加班不许超过夜间 12 点，党支部到时劝说休息，都无济于事，只好要求食堂科在夜 12 点送饭。但学生是包伙，没有饭票，教师就用自己的饭票，买饭给学生吃。院领导知道以后，就通知食堂科，每天午夜免费送饭。院领导的主动关怀，使同学和教师更加忘我地投入设计工作中。

工艺专业的师生没有坐等设计图纸，而是纷纷主动到设计室去参加设计工作。学生参加设计工作的同时，协助工艺教师进行设计图纸的工艺审查。工艺专业学生参加设计工作，不仅加强了设计力量，而且使他们更加了解设计，可以提前进行生产准备。同样，设计专业的学生在设计完图纸后，到车间去当工人，生产中发生问题时，及时解释图纸。由于设计和工艺相互配合，通力协作，按计划完成了 2000 张 A4 图纸的工作量。

4. 驾驶舱样机

驾驶舱样机的作用有两方面：一方面是舱内各个系统，各种仪表、设备的安排位置是否协调，以及驾驶员在舱内动作是否方便灵活等；另一方面便于试飞员熟悉飞机驾驶舱中各仪表的位置、各操纵系统的开关、手柄位置，为今后空中飞行作准备。

当时做的是木质样机，安装真实仪表、设备和操纵系统，供试飞员练习。样机的安排保证了舱内的仪表、设备和操纵系统是协调的，试飞员在舱内活动是方便的，为试飞作好了准备。

制造工作

（一）师生制造飞机的基础

1952 年，我院成立了飞机工艺教研室，开设了有关飞机制造的多门课程，收集了一批飞机制造资料，建设了飞机工艺实验室，培养了飞机工艺专业学生，并结合飞机生产课题，进行毕业设计。

飞机工艺教研室的教师每年都下厂 1~2 次，部分教师参加过雅克 -18 号飞机的生产准备工作，对飞机的生产过程有一定程度的掌握。学生要在整个学习期间下厂 3 次，共 22 周（另外还有一次校内的金工实习）。学生在下厂期间，要定点劳动，参加生产。所以学生除掌握飞机生产的经验和专业知识外，还要掌握一定的生产技能。

因此，当飞机设计教研室提出设计飞机时，飞机工艺教研室积极响应，表示愿承担制造任务。

（二）几个重大的措施

第一，确定飞机的整个生产任务绝大部分由校内师生承担，最初确定 70%，实施的结果接近 100%。

第二，生产工人以学生为主，1958 年的飞机工艺专业毕业生 150 名全部投入生产工作。为此，1957 年底大部分学生分别被送往沈阳飞机制造厂和南昌飞机制造厂培训，工种是钣金和铆接装配。有少数学生在北京 211 厂培训，工种是型架装配。经过三个月左右的培训，学生完成培训任务。试飞的结果说明，生产质量符合要求。

第三，学生参加生产保证了工人的数量，但生产上有些部位要求较高的技术，单纯依靠学生是不行的，各飞机制造厂前后支援了 30 多名水平较高的老工人，他们来自沈阳飞机制造厂、南昌飞机制造厂和北京 211 厂。虽然他们参加生产的时间不等（少的只有几天，多的达几个月），但起了解决难点和把好质量关的重要作用。事实证明，没有老工人的支援是不行的。

第四，飞机工艺专业学生参加飞机设计，飞机设计专业学生参加生产。在设计阶段，生产任务相对较少，工艺专业学生就参加设计，飞机工艺教师对整个设计进行工艺性审查。在生产紧张阶段，设计专业的学生到车间介绍图纸和当工人，这不仅解决了当时的人力问题，学生也得到了收获。三个专业的学生都用实践表明他们能胜任工作。

（三）飞机生产的过程

1. 建立生产组织

由于飞机生产牵涉校内有关的系和部门，在生产组织上既不能打乱原有组织，又要有利于生产。为此，我校决定根据有关单位所承担的生产任务组织生产车间负责某项生产任务，总的生产协调则由“北京一号”生产指挥部负责。飞机系组织了模线样板、型架、模具三个生产准备车间；钣金、焊接装配（与材料系合组）、铆接装配、总装四个生产车间。材料系组织了表面保护车间和负责金属材料的检验、黑色金属的热处理。实习工厂负责生产机械加工零件和锻铸零件。

2. 制定总工艺方案

这个总工艺方案是在总工艺师领导下走群众路线的产物。它的总则规定“要广泛吸收作为工人的学生参加方案讨论、工艺审查、设备设计及工艺规章拟订等各项工艺工作”。总工艺方案共分八个部分：任务、总则、工艺审查原则、协调路线、部件装配、零件制造、总装配、采用的新技术。在协调路线上规定不画平面模线和运动模线，以减少模线面积，控制样板数量在600块左右。在部件装配中规定采用“工序集中”的原则，规定了最少量的型架。零件制造中以自由成形为主，手打模控制在400个以内。总工艺方案规定的新技术有：用“二次曲线法”绘制机身及短舱模线；襟翼样板试用照像接触法；起落架舱门试用胶接结构；水平安定面用水泥型架等七项新技术。

实践说明，这个总工艺方案基本可行，并且具有一定的创造性。

3. 生产工作

“北京一号”的生产是在很短的时间内完成的，设计、生产准备、生产需要平行进行，设计员和工艺员要紧密合作。

为了保证飞机的质量和生产周期，根据生产发展的需要，曾采取过如下措施：（1）对重要的生产关键工序，组织专门的强有力的突击队去完成。（2）生产中出现的比较重大的问题，组织专门会议或现场会议研究解决。（3）一般生产技术问题，由车间和工段分工负责组织四员小组（设计员、工艺员、检验员、调度员）及时研究解决。（4）根据生产发展的情况和工作需要，适当地调配干部和工人加强重点或薄弱环节，如院党委决定调党委办公室主任焦定禄到铆接装配车间任党支部书记。铆接装配车间在生产紧张时，组织一部分干部，下放到小组，加强领导和及时解决问题。（5）其他如材料、资料、宣传等也组织一定的人员进行工作。

在100天的日日夜夜里，车间生产非常紧张，教师和学生常常一天只能睡几个小时，为了保证按期出产品，大家一条心，都想多做工作，连休息睡觉都要“赶”回去。协作、苦干的精神得到了高度的发扬。

飞机生产是一种复杂的、要求严格的工作，只靠苦干是不行的，要靠巧干，要按照“北京一号”向国庆节献礼的奋斗目标，创造性地计划安排和研究解决制造工作中的实际问题。

4. 几个技术关键

（1）硝盐槽的制造与试炉

“北京一号”有大量的硬铝零件，这些零件在成形中要退火，成形后要淬火。我院没有热处理用的硝盐槽，只有借用211厂的设备。但我院与211厂距离较远，汽车运送要一个多小时，而硬铝零件淬火后两小时即硬化，很难再进行校形，所以时间非常紧张，这显然不能适应生产的需要。能不能在短时间内自己动手制造硝盐槽呢？制造所用的硝酸钾和硝酸钠都是爆炸性化合物，是有危险的。为此成立了一个硝盐槽突击队来研究解决，突击队由总工艺师常荣福指挥，并请来211厂几位工人指导。经过研究分析，他们认为自己制造是可行的，并立刻进行设计。

第一道关是突破厚20毫米的钢板焊接加热槽。能焊这样厚钢板的人当时在国内很少，突击队请211厂两位高级焊工担任焊接。先试焊，经X光透视合格，干了三天三夜，硝盐槽终于安装就位。

试炉时由211厂王大平老师傅指挥，因为硝盐在运送途中曾被雨水冲湿，所以试炉气氛非常紧张，稍有不当，就有爆炸的危险。试炉开始通电逐步加温，突击队彻夜守在炉旁，最后终于达到要求的温度500℃ ±5℃。

硝盐槽从方案设计到淬出合格零件只用了8天时间，该槽随后使用了10年之久，没出现过问题，真是一次成功的创举。

（2）排气管成形

“北京一号”使用的是活塞式发动机，排气管的外形是环状的，变断面，包括有多个支管，由 30 多件不锈钢成形钣件焊接装配而成，所用不锈钢的硬度和强度都很大，而且冷作硬化严重，在飞机工厂也是生产难点。如果钣件外形和尺寸不准，就无法焊接装配，我院一无大吨位压床，二无复杂的金属模具，怎么办？只好成立一个突击队解决。

经过研究，我院决定自己制造一个“落锤”（1.5 吨），用水泥塑造模具，经过一个月的奋战终于成功地解决了排气管零件成形问题。

（3）前起落架焊接

前起落架焊接是一个很关键的问题，主要是如何确定焊接顺序和焊接后保温。后来在焊接教研室的教师和 211 厂的工人共同努力下，顺利完成了任务。

（4）发动机短舱装配

生产开始后，发动机短舱位置做了修改。短舱与机翼连接，有很复杂的协调关系，型架也要随设计的更改而更改。在生产高潮中，大家献计献策，只用了三天时间便完成了机翼型架的更改。

静动力试验

静动力试验的目的，是检验飞机的强度和刚度是否达到了设计的指标。这是设计制造一种新型飞机必须经过的一关，它包括静力试验和动力试验两个部分：静力试验是缓慢地对飞机的各个部分进行加载检查，包括：机身、机翼、操纵系统、起落架、尾翼以及连接这些部分的接头；动力试验包括起落架的落震试验、油箱的震动试验和全机地面共振试验等。上述多种试验结果证明，飞机的各个部分都符合设计要求。为了了解飞机的剩余强度，我们做了很多测试。“北京一号”的强度和刚度经受了严峻的考验，且具备了一定的剩余强度。

静动力试验是在本校静动力实验室内进行的。在没有现成的资料和经验的情况下，教师和实验技术人员克服了种种困难，创造性地完成了这一试验任务。

命名试飞典礼

“北京一号”的命名试飞典礼，于 1958 年 9 月 24 日在北京东郊首都机场举行。命名试飞典礼由北京航空学院党委第二书记臧伯平同志主持，他首先宣布，北京市彭真市长将北航教职工和学生设计制造的这架轻型旅客机命名为“北京一号”（命名以前称“北航一号”）。接着党委第一书记兼院长武光同志讲话，高教部杨秀峰部长、空军司令员刘亚楼上将先后讲话祝贺。国务院文教办公室主任林枫剪彩。出席命名试飞典礼的同志还有：空军副司令员曹里怀中将、常乾坤中将、中共北京市委宣传部部长杨述、空军训练部部长刘善本等领导，以及我院的苏联专家和教职工学生等共计3000多人。

剪彩以后，“北京一号”从命名试飞典礼广场经滑行道进入跑道的起飞点。起飞后，在机场上空环绕飞行，在飞行期间，做了一次高速度超低空（高度10米左右）的表演，从主席台的前方飞过，以表敬意。这时，整个广场上立刻响起了热烈的欢呼声、喝彩声，“北京一号”着陆以后，又从跑道返回命名试飞典礼广场，欢迎国务院、空军、北京市的领导同志和来宾等登机参观其内部的设备和布置。

试飞工作

“北京一号”于1958年9月18日进入首都机场，21日进行了第一次试飞。

试飞的目的，是对飞机的各个系统、飞行质量、飞行性能进行全面的检查。全部试飞分为机场空域试飞和航线试飞两个阶段。

第一阶段：机场空域试飞

试飞检查项目：起落架着陆性能，各系统的操纵性能，倾斜转弯时的飞行状态，各种高度飞行时的爬升速度，实用升限，失速性能，在空中收放起落架时对飞机操纵性的影响，侧风起落性能，单发飞行性能等。上述项目，经过试飞检查，工作正常，性能良好。“试飞证明‘北京一号’的结构强度很好，各种仪表、无线电等特种设备的工作都是正常的。”

第二阶段：航线试飞

在远距离的航线试飞以前，“北京一号”先进行了两次短距离航线试飞。第一次从首都机场起飞绕过北京市城区，飞临西北郊的学院区，在北京航空学院的上空低飞盘旋，并从北航的主楼与锅炉房烟囱之间在20米的超低空高度飞过，然后飞回东郊首都机场。第二次是北京至天津之间的往返航线试飞。这两次试飞都很顺利，证明“北京一号”已经具备了长途航线试飞的条件。

“北京一号”于10月28日上午10点，从北京东郊机场起飞，到济南市机场着陆。在济南接待了山东省和济南市的领导同志与干部登机参观。经过检查飞机状况以后，继续起飞，在1500米高度飞行，到徐州机场着陆，再检查飞机状况以后，飞越长江，抵达南京大校机场。次日，由南京飞抵上海龙华机场，并立即对“北京一号”进行了全面检查。检查结果：除发现排气管上的一个螺母有点松动以外，机上各系统、仪表、设备以及机械等均正常。在上海停留数天之后返航，中间在南京停留，接待南京航空学院的师生登机参观。又从南京飞到徐州机场，经过检查飞机状况后，从徐州机场起飞，以每小时 300 公里的速度，在 1500 米的高度直接飞回北京。于 11 月 2 日下午 4 点，飞抵北京东郊首都机场。至此，从北京至上海之间的航线试飞，往返航程 2500 公里，历时五天，预先安排的试飞计划圆满结束。

“北京一号”的试飞，累计 46 个起落，飞行了 30 多个小时，经历了多种气候条件的考验，按照预定的试飞项目，对飞机性能进行了全面的检查。试飞结果证明：“北京一号”的飞行质量、飞行性能良好，具有良好的操纵性和稳定性。至此，研制阶段结束。新中国自行设计制造的第一种轻型旅客机胜利地通过了考验。

“北京一号”的试飞工作，在开头的一段，马文副院长负责在机场的现场领导。试飞组在 9 月底以前由郑王麟任组长，李晨光（学生）任副组长。10 月初至试飞结束，张汉镔任组长。飞行员是潘国定、王来泉。

潘国定、王来泉两位同志过去飞的都是外国制造的飞机，对这次试飞我们国家自己设计制造的飞机，心情非常激动。他们认为任务艰巨，又很光荣，决心为新中国的航空事业作出贡献。他们认真负责、不辞辛劳，非常勇敢地在 9 月 21 日上午，驾驶着一架新设计制造的飞机——“北京一号”，第一次飞上了首都机场的上空，绕机场上空飞行。这时，“北京一号”的设计创造者们该是什么样的心情啊！他们两位同志在命名试飞典礼时的精彩飞行表演更使人欢欣鼓舞，在全部试飞工作中，给我们留下了深刻的印象。

收获

教职工和学生通过飞机的设计制造工作，实现了书本知识与生产实践——理论与实际的结合；验证了理论，学到了一定的设计技能、生产技术、操作能力及组织领导管理经验。

教师学生在飞机的设计制造工作中，既是设计员，又是工人、干部，并和工人一起亲手把飞机制造出来，真正体现了脑力劳动与体力劳动的具体结合。实践的观点、劳动的观点有了一定的提高。

参加飞机设计制造工作的教师、学生、实验技术人员、工人、干部组成了一个实体，统一组织领导，分工负责，相互学习，紧密团结，艰苦奋斗，克服困难，共同把飞机送上了天空，体现了知识分子与工人的结合。

飞机的设计制造，使实验室、实习工厂补充了一些实验设备、生产设备，充实了教学实验条件。

共产党员、共青团员在设计制造工作中，积极地巧干、实干、苦干，起到了模范带头作用，出色地完成了工作任务，受到了教育和锻炼。师生在思想上、政治上有了一定的提高，集体观念、整体观念、组织性、纪律性有了一定的增强。

在飞机设计制造过程中，制造了很多生产设备、实验设备，解决了很多生产技术关键问题，为今后实行教学、科研、生产三结合打下了一定的基础。

飞机构造与设计教研室和飞机工艺教研室的教师和学生共同总结了设计和制造“北京一号”的工作经验，编写了《北京一号》和《轻型旅客机“北京一号”工艺问题》，这两本书均由国防工业出版社出版，并由新华书店发行。

小记

“北京一号”研制试飞成功至1990年已逾30年。本文由几个同志共同回忆，并参考1958年9月“北京一号”命名试飞典礼以后，《光明日报》《人民日报》《北京日报》所刊载的文章、报道，以及《北京一号》《轻型旅客机“北京一号”工艺问题》两本书等，起草以后，又请武光、臧伯平、王大昌、沈元、徐鑫福、常荣福、叶逢培、张克明、俞公沼、张汉镔、王云渤、汪一彭、张树林、杨国柱、赵庸、李沛琼、张纪刚、杨柱国、沈璋、王光、焦定禄、冯厚植、冯宗律、陈鹤峥、王人骅、夏璿若、何述章等同志，提供了很多宝贵的修改补充意见。由于水平有限，难免有不准确或遗漏之处，请指正。

“北京二号”研制情况的回忆

李宜敏

李宜敏（1926.12—），江西萍乡人，先后任北京航空学院发动机工艺教研室助教、讲师，北京航空学院发动机系主任助理，火箭发动机教研室副主任、代主任。1960年任固体火箭发动机教研室主任，1979年任航空工业部教材编委会委员箭固体火箭发动机专业小组组长，参与“北京二号”固体火箭发动机设计与实验。

“北京二号”是我院在1958年进行的教学与科研、生产劳动相结合的一次有益的尝试；是我院在建立火箭导弹专业过程中一次全面的实战演习；也是我国自行设计、研制和发射成功的第一批探空火箭。“北京二号”的研制实践对我国火箭导弹类专业的建立和发展，对培养我国第一批火箭技术的高级工程技术人才，对我国火箭事业的开创，都有重要的意义。笔者作为这一事情的直接参与者，特别是主持两级固体火箭发动机的设计、研究与试验，又是发射现场的技术责任者之一，主要的过程都亲临其境，也有责任把这一段经历追记下来。

（一）

早在1956年，根据十二年科学技术发展远景规划，我院就抽调部分教师筹备火箭专业的建立，并开始组织学习有关的专业内容。1957年，我们迎来了第一批苏联的火箭技术专家，正式创建了火箭发动机、导弹设计等专业，成立我国第一个火箭系，培养火箭技术方面的学生。1958年5月，在当时形势的影响下，在武光院长的倡导下，系领导决定要研制一种火箭号，通过这一研制工作的实践，促进新专业的建设与师资的成长。后来又吸收毕业班的同学参加，使教学与科研、生产劳动相结合，有效地培养出我国第一批火箭专业的大学生。

选定什么样的火箭型号作为研制目标？考虑到专业初建和国内技术条件的可能，当时选定研制一种垂直发射的探空火箭。设想可以作为气象或其他目的的高空探测。设计射高为 60 公里，应能运载 10 公斤的有效载荷。为了使有关的专业队伍都能得到锻炼，分别采用固体火箭发动机和液体火箭发动机两个方案。经过分析和相应的弹道计算，对两个方案运载火箭的大体要求分述如下。

一是两级固体火箭的方案。一级发动机推力为 1850 千克力，工作时间是 6 秒，二级发动机推力为 760 千克力，工作时间也是 6 秒。在一级发动机工作结束以后，经过 7 秒的无动力飞行，二级发动机开始点火、工作，并将一级分离、抛掉。二级工作结束以后，依靠已经获得的上升速度继续升空到最大设计高度。

二是一级液体火箭发动机和一级固体火箭发动机的方案。将前一方案的一级固体火箭作为本方案的一级助推器，第二级为用过氧化氢加煤油的双组元推进剂的液体火箭发动机。其工作程序大体与前一方案相仿，但液体发动机的工作时间则比固体的要长得多，推力也相应要小得多。

当时院领导提出的任务是大战一百天，争取“十一”上天。这样，我们发动机专业的任务就是要在 3 个月左右的时间内研制出两台固体火箭发动机和一台液体火箭发动机，这是一个相当困难的任务。首先，我们的教师队伍进入专业的时间还不长，尤其缺乏实践经验。虽有几位苏联专家可以请教，但他们也没有研制型号的具体经验。所以一切工作全得靠我们自己想办法完成，研制中有问题还要靠我们自己去解决。其次，我们还没有必要的试验手段。实验室的土建尚未完成交工，试验设备很不完善，也没有安装。人们都知道，不经过充分的地面试验是难以研制出可靠的上天用的发动机来的。最后，从国内条件来看，我们远没有开始建立火箭导弹工业，有关的工业基础也比较薄弱，我们研制工作中所需求的各种材料、设备，很难得到保证供应。学校内部的加工条件也很有限。特别是要求时间很紧，没有多少回旋余地。但是，我们的决心很大，大家都还有一股年轻人的锐气，一心要为我国的尖端技术贡献力量。既要看到困难，也要看到完成任务的有利条件。首先是院领导的支持，用全院的人力物力来支持型号的研制；其次是我们的队伍还是有相当的技术基础的。经过一两年的学习、研究，对火箭技术还是有一定的掌握。通过努力，是可以实现研制目标的。大多数人都期望通过这一次实践把专业建设推进一步。就是在这种情况下，我院开始了“北京二号”的研制。

（二）

实际开始研制工作的时间大约是 1958 年 3 月。当时火箭发动机教研室内分工搞固体火箭的只有蔡峨、张儒度和我三人，张儒度负责发动机试验中的参数测量、点火控制等整个测试系统的工作。蔡峨负责试验发动机和试验台的建立，并和我一道考虑整个发动机的研制工作。到研制试验工作的后期，才调 58 届毕业班的同学参加，作为他们的毕业设计，教师在其中负责组织领导，使教学与科研、生产劳动相结合。既保证了研制工作所需的人力，又使学生得到了真刀真枪的实战锻炼。

固体发动机中首先要解决的问题是，采用何种推进剂药柱来达到 6 秒的工作时间。当时国内能够生产的双基推进剂代号为 ΦCr−2（后定名为双石 −2）。它的性能比较稳定，但药柱的尺寸较小，直径 43 毫米，长 500 毫米。这种药柱通常沿径向燃烧，工作时间只有 1 秒左右，难以满足“北京二号”的要求。我们曾设想将这种药柱的外圆包覆阻燃，使其沿长度方向燃烧以延长工作时间到 6 秒。但试验表明，由于当时包覆材料和包覆技术不过关，未能实现，而且这种方案在结构上也不合理。唯一的出路是争取火药厂的协作，试制大尺寸的药柱。根据我们的计算，为了达到 6 秒的工作时间，药柱的外径要求 210 毫米，按照推力的要求，一级发动机长1030毫米，达56公斤。而火药厂以前只生产过1公斤重量的小尺寸药柱，一下子要搞那么大的药柱，设备和技术上都有很多困难。经我们一再联系，并为他们厂领导和技术人员讲授有关火箭推进的课程，动员了他们支持火箭技术的积极性，厂领导下决心试制大尺寸药柱，动员全厂为试制工作大开绿灯。例如，试制中需要一个大型钢铸件，这已经超出了火药厂自己的生产能力，当时的厂长还亲自和我一道去邻厂联系协作加工。经过火药厂的工作，在8月中旬试制出了第一批大直径药柱，使我们在8月下旬能够开始用这种药柱进行各项地面试验。由于是初次试制，药柱的质量还难以全面保证，特别是表面上还有相当数量的陷坑和气泡，会影响药柱的正常燃烧。但经过采取相应的补救措施，最后还是达到了发动机正常燃烧的要求。

6秒的工作时间对当时的固体火箭发动机来说是一个比较长的时间。当时国内使用的固体火箭发动机最长的工作时间是1秒。要使工作时间达到6秒，不仅需要大直径的药柱，还要求发动机的各个部件都能在承受高温高压的条件下坚持6秒，这在当时是一个相当困难的技术课题。

为了保证6秒内发动机工作可靠，一个重要的问题是承压燃烧室壳体的热防护能力。由于我们采用的燃烧室是钢质薄壳结构。如果没有热防护措施，在高温高压燃气的作用下会迅速受热而使强度急剧下降，以致不能承受高压而失效破裂，因此要采用耐高温的涂料来保护燃烧室内壁和所有与燃气接触的零件表面。当时，我们只有一个隔热涂料的配方及其工艺的简要说明。这种涂料涂到零件表面以后，要在高温下烘烤。我们没有涂烤隔热涂料的实际经验，并且没有相应的设备。至于这种涂料的隔热性能如何？能不能胜任？究竟要多厚才能保证 6 秒钟可靠工作？都需要进一步研究与试验。我们成立了一个涂料小组，由几位毕业班的同学组成。他们借来了球磨机，自己研磨配方，用成套筛网筛选。自己用电炉丝制成大尺寸的高温烤炉。从喷涂烤制试片开始，到涂烤各种零件和燃烧室内壁，经过多次试制和试验，逐步掌握了一套自己研究出来的工艺方法，达到了必要的涂层厚度，保证了薄壁燃烧室可靠工作。

喷管是固体发动机的一个重要部件。它的工作条件最恶劣，要经受高温、高压、高速燃气流的强力冲刷。采用何种结构和材料才能经受住较长时间的工作和保证推力性能，是研制中需要解决的另一个重要问题。有关喷管性能的试验工作也是试验工作量最大的。起初，我们曾经设想采用陶瓷材料，并提出设计图纸请电瓷厂试制过一些陶瓷喷管。只是后来在试验中这种陶瓷喷管未能获得成功，即使采用该厂当时最好的陶瓷材料也难以承受喷管中那样强烈的热冲击。这使喷管成为我们遇到的一个关键难题。

后来，经过在结构设计上的改进，又采取了一定的热防护措施，还是采用以金属材料为主的喷管，通过了6秒的较长工作时间的考验。

发动机的研制成功，除了合理的设计、计算以外，必须通过地面试验的验证与考验，这需要更多物质技术条件，是一个困难更多而又必不可少的工作。当时，火箭发动机试验技术在我院还是一个空白。实验室的土建工程是当年7月才交工的，而我们在6月就开始了小型发动机的点火试验，测试设备还不齐全，一台苏式的八线示波器还是借来的，所用的压力和推传感器是自行设计、加工制作的。在开始试验的时候，经常容易出差错，有时甚至点不着火，或者出现漏测。经过测试组同志的有效工作，这些问题都逐一得到解决，使我们的测试系统很快就能比较可靠地满足试验的要求，顺利地完成发动机的点火试车。

为了进行“北京二号”大发动机的试车，我们还缺少大尺寸的厚壁的试验发动机。这种发动机壁厚达100毫米，重约1吨。需要大型铸钢件的毛坯，还要进行比较精密的加工，这在几十天之内要完成是有困难的。当时此事由蔡峨同志负责，首先通过协作取得了大型铸钢件；然后利用学校现有的加工设备，扩充其加工能力，终于制造出几个厚壁试验发动机。

整个二号固体发动机的地面试验是一个紧张而又繁忙的过

程，所有设计中的各种设想能否实现都在这时见分晓，实现不了就得有另外的方案来代替。而试验中又会出现一些原来没有想到的问题，也得寻找解决的办法。在这段时间内，我们负责固体发动机的十来个人可以说是夜以继日地工作。在试验的后期，几乎每一次试验以后都会提出一些新问题，然后分工去解决，尽快准备好下一次试验。从 8 月初开始直到 9 月中旬，我们进行了 30 余次各种目的的试验，其中使用火药柱燃烧的试验就有 14 次。在试验中，不仅验证和改进了发动机设计，使其达到了比较稳定的性能，而且还改进了试验方法。例如，根据试验目的不同，我们用 1/7 长的短药柱来代替全长药柱，节约了不少药柱。这在当时药柱供应紧张的情况下，也争取时间创造了条件。总之，在地面试验阶段我们付出了紧张的劳动，这一阶段的工作是最值得称道的。

（三）

“北京二号”的发射选定在白城子草原上的一个炮兵靶场上进行。早在 1958 年 6 月，我就和其他几位同志到这里做过一些调查。当时，我国还没有建立起探空火箭的发射基地，只有这个靶场比较有条件，它的一大片宽阔的草原可以在其中发射火箭，但要修建一个发射架来发射探空火箭。这个任务已由发射装置专业的同志在 9 月中旬以前完成了。而我们参加发射试验的大队人员和器材是 9 月中旬以后才陆续开赴现场。

我是 9 月 19 日第一批到达发射场的，它离部队驻地的市镇有一个多小时的汽车行程。这里是一片广阔的草原，举目四望，看不到一所房屋和任何村落，只有一座高约 20 米的发射架竖立在一片平坦地的中央，不远处还有一个帐篷供修建发射架的人员居住。这就是当时能看到的仅有的建筑。我们先来的十余个人原来是来进行发射试验前的技术准备的，但到达后发现，首先必须解决必要的生活设施，如搭帐篷，建厨房，让人们能在草原上生活。随后是修半地下式的控制指挥所，挖观察用的安全壕沟。后来，发射工作人员陆续到来，我就只管技术方面的准备工作了。首先是检验火箭在发射架导轨上的协同动作，校正发射架。其次是安装发射用的仪表和点火控制线路。工作量最大的是发动机以及整个火箭在帐篷内的现场装配。由于远离学校实验室，一些大一点的设备无法带来，只好在现场赶制一些简易的组装夹具，这又给工作增添了麻烦。

第一次发射是 9 月 22 日进行的，编号为 101 号火箭。按计划这一次主要试验第一级固体火箭发动机。第二级是假发动机，不装药柱，用配重代替，有效载荷也是配以相应的重量。由于这是首次发射，它是最大的固体发动机，又是两个方案的第一级，因而是整个发射试验成功的关键所在。我们在准备工作中也都特别仔细认真。从 21 日下午开始组装发动机，到 22 日上午就将整个火箭在发射架导轨上试运行。下午 4 点半从火药库取来大型药柱，进行发动机的最后装配。原先预计可以在太阳下山以前进行发射，但由于是首次发射，临时发现需要处理的问题多一些，一直到下午 6 点，火箭才挂在发射架上，准备好发射。人们都隐藏到各自的沟壕中去，等候关键时刻的到来。在连接好发射点火线路和进行最后检查以后，我是最后一个进入控制指挥所的。当时张儒度同志已经将整个控制系统准备好，只等我的口令他就可以按下按钮，发射火箭了。下午 6 点 20 分，火箭发动机点火，轰轰巨响，整个火箭稳稳上升，顺利地离开发射架的顶端，拖着一条长长的火焰，直上空中。虽然太阳刚刚落山，但草原上的天空还是亮的，可以清楚地看到火箭升空的路线。6 秒钟后，发动机工作结束，轰轰声停止，但火箭仍在上升，直到最后消失在空中。几分钟后，突然传来咚的一声巨响，这是火箭落地的撞击声。整个过程表明火箭发射各个阶段的工作正常，第一次发射宣告成功。

9 月 24 日，第二次发射 102 号火箭。这一次是试验两级固体火箭发动机的工作情况，而且还请来了雷达遥测车，准备试测火箭的射高。下午 5 点 10 分，火箭顺利起飞，当时可以清楚地看到第一级工作结束后，经过几秒钟，二级发动机开始点火工作。第二级停止工作后一段时间，先后听到一级和二级着地的响声。两级固体发动机和整个火箭工作正常。但是，遥测车因为距离和操作上的原因，未能抓住火箭的弹道及其最高点。

9 月 28 日，第 3 次发射 202 号火箭。这一次试验是第二方案，一级用固体助推器，二级是液体发动机。这是液体火箭发动机第一次在高空点火的试验。整个火箭顺利起飞，一级固体发动机工作正常，成功地将第二级的液体发动机和有效载荷送上了高空。

9 月 29 日，第 4 次发射 103 号火箭。两级都是固体发动机。这一次还请来气象局的同志在有效载荷的舱位中装上了测量仪器，试测高空的气压和温度。发射正常，两级发动机工作稳定。

10 月 3 日上午，第 5 次发射 203 号火箭。一级固体，二级液体。这是第二次试验液体发动机在高空的工作。同以前各次一样，一级发动正常工作，将二级送到高空。当时天空晴朗，又值正午时分，可以清楚地看到液体发动机在空中点火，喷出火焰，液体发动机开始工作了。

同日下午，第 6 次发射 104 号火箭。这是最后一次发射，用两级固体发动机。它们都再一次以正常可靠的工作，将火箭送到了高空，胜利地完成了整个发射试验，实现了院领导提出的“十一”上天的要求。

从 6 次发射试验的情况来看，整个试验取得了圆满的成功。特别是固体火箭发动机，每一次发射都毫无例外地实现了正常可靠的工作，将整个火箭成功地送上高空。当时有人称赞固体火箭发动机的工作像钟表一样准确。

“北京五号”无人驾驶飞机试飞史

官汉增

官汉增（1936.4—2017.1），山东省平度人，1954—1958 年在北京航空学院飞机设备系仪表自动器专业学习，1958—1988 年，在北京航空学院自动控制系任教，1989—1993 年，在北京航空学院科研处工作任副处长，“北京五号”气动组成员。

“北京五号”无人驾驶飞机的设想，可追溯至1956年，当时中央正在着手制定《1956—1967年科学技术发展远景规划》。在讨论研究此规划时，北航当时的飞机设备系就提出了搞无人驾驶飞机的设想。

1957年下半年，我院开始酝酿无人驾驶飞机的技术方案。1958年3月，在系教研室的会议上，我们讨论研究了初步方案，并且请第五研究院的同志参加讨论初步方案，确定了以AH-2（现运五）飞机作为无人驾驶飞机研究对象。因为AH-2飞机飞行速度不高（257公里/小时），稳定性很好，着陆安全、方便，并且可载乘客6人，可以在飞机上做各种试验。

1958年6月29日，我院召开了动员大会，成立了无人驾驶飞机研究机构，下设四个小组（技术协调组、供应组、试飞组、工艺组），以及各分系统研制组，并且有民航局人员、飞行员和第五研究院无线电技术人员参加。

研制无人驾驶飞机的主要目的是：加速我国航空工业建设和追超世界先进科学水平，科研、教学、生产劳动相结合，教师和学生均可参加实际锻炼，提高教学质量，保证培养理论联系实际的技术干部。

1958年7月，我院进行总体方案和分系统设计，很快集中了60余人，后又陆续增加到120人，形成教师、工人、学生三结合的队伍，逐步完善了“北京五号”从自动起飞到自动着陆全盘自动化的控制方案，主要内容如下。

1. 自动起飞：为 AH-2 飞机安装了 Aπ-5-2M 自动驾驶仪，并加上了专门设计的起飞自动器。起飞是较复杂的飞行阶段，我们研究了单桨后三点飞机起飞地面滑跑的稳定性，特别是横侧稳定性。起飞自动器包括纵向（升降舵）控制、地面滑跑航向控制、油门控制。纵向主要采用高度控制方案，刹车主要由航向信号和飞机偏离跑道中心线的位置信号控制，起飞指令是通过遥控系统发出。这样的控制方案是成功的。

2. 飞行的自动稳定和控制：飞机起飞后，地面遥控人员可以按要求解除起飞飞行状态而进入姿态稳定飞行状态，并按巡航速度飞行。机上装有遥控指令接收装置和遥测发射装置，地面遥控人员可以控制飞机的爬升、下滑、左右转弯和飞行速度。飞行参数（例如高度、速度、姿态等）共 8 个，可以在地面显示器上定量显示。

3. 远距离控制的遥控、遥测系统：地面上设有专门的遥控发射系统、遥测接收站和飞行操纵台显示飞行状态的遥测参数。飞行员可以根据显示数据，操纵飞行操纵台上的驾驶杆和油门杆通过遥控系统发出指令信号操纵飞机。

4. 下滑状态控制：机上装有仪表着陆系统（ILS）的接收装置，

ILS 通过自动驾驶仪保持飞机的侧向位置在跑道中心方向，并沿预定下滑轨线由 400 米自动下滑到 30 米。在机上安装了航向、下滑接收机和天线，并加了耦合器与自动驾驶仪交联。

控制分为侧向控制和下滑纵向控制两部分，侧向控制主要有三个信号：①飞机偏离跑道中心线的偏差信号；② ДИК–46 发出的偏航信号；③对准跑道时的自动驾驶仪的航向稳定信号。自动驾驶仪以这三个信号的组合，稳定和修正飞机的位置于跑道中心线上。

下滑控制主要按偏离预定下滑轨迹的偏差信号和俯仰角进行控制，保证飞机自动下降到 30 米。根据系统分析，在下滑段，应由油门自动器自动保持一定空速，才能保证下滑状态的飞行质量。АН–2 飞机空速应保持于 140~150 公里 / 小时。

5. 着陆状态控制：着陆对于有人驾驶飞机也是最复杂、难度最大的飞行阶段。从高度 30 米后，由于下滑台信号的畸变，不宜用 ILS 着陆，因而必须采用专门设计的自动着陆装置。它采用的是一个高度方案控制的自动着陆系统，按飞行高度控制飞机姿态角和舵偏角以及发动机推力。由于飞机处于很低的高度，要求高度测量应十分精确，机上装有专门设计的无线电高度表，要求高度的测量误差小于 0.5 米。

6. 着陆后的滑跑方向控制：由 ДИК–46 罗盘信号、ψ（偏航速率）及遥控指令信号控制刹车机构实现。

可以看出，在 1958 年我国当时的航空工业条件下，完成这样一个难度较大无人驾驶飞机是相当困难的。

“北京五号”的试飞工作

“北京五号”研究和研制工作进行到 1958 年 7 月，便开始了安装自动驾驶仪、测试参数方面的试飞工作，由于研制无人驾驶飞机的最终目的是实现真正的无人驾驶，因此机上的所有系统必须经过在无人参与下，自动并互相协调配合工作，以实现从起飞、飞行、着陆、滑跑停机的全盘自动化。如果机上任何一个系统设计不合理或有任何一个零件不可靠，必将影响无人驾驶的实现。因此试飞工作是“北京五号”研制过程中极为重要的一环。

“北京五号”试飞工作自 1958 年 7 月开始，直到 1959 年 2 月结束，历经 7 个月，终于实现了真正的无人驾驶飞行，成功地完成了“北京五号”的研制任务。

整个试飞工作是在北京首都机场进行，“北京五号”飞机编号是 848 号，试飞工作大致划分为以下三个阶段。

第一阶段：自 1958 年 7 月始到 8 月底；

第二阶段：自 1958 年 8 月底到 9 月底；

第三阶段：自 1958 年 10 月初到 1959 年 2 月。

现将各阶段的试飞情况叙述如下。

（一）第一阶段试飞工作

这一阶段的试飞工作主要是将改装适用于无人操纵的自动驾驶仪安装到机上，并通过试飞调整各种参数，使飞机在任何飞行条件下，都能稳定飞行。自动驾驶仪是无人驾驶系统的主要部分，只有通过它与其他系统相连，才能控制飞机实现某种飞行动作。发动机推力控制系统在机上的安装调试也是这一试飞阶段的重要工作之一。发动机的温度自动调节系统，虽然已经做了地面试验，但仍需要通过试飞来考验。其他如各种传感器（飞行高度和空速等）的安装与试飞校验也很重要。上述三项设备的试飞调整工作都进行得较为顺利，为进一步的试飞工作打下了基础。此外，还用直升机做空中悬停，测试无线电高度表的数据。

（二）第二阶段试飞工作

在第二阶段中继续进行试飞的项目是遥控系统、仪表着陆系统、自动起飞系统，以及在飞行员监视下的遥控着陆飞行。在试飞中曾出现一些在设计中没有发现的现象，由于设计人员亲临现场，对出现问题及时分析和修改设计，使试飞工作不断取得进展，提高了试飞效率。

1958 年国庆前夕，我院完成了第二阶段试飞预定计划，紧接着便开始了进一步综合试飞工作，即将自动起飞、遥控飞行、自动对准下滑、遥控着陆等飞行连接起来。这就意味着有更多的系统参与协调自动工作，产生一系列的系统衔接问题、动态问题和安全问题，使得试飞工作更加复杂。为安全起见飞行员和试飞人员仍在机上监视自动飞行，必要时切断系统与飞行的联系，改自动飞行为人工操纵。9 月 28 日开始进行遥控着陆试飞，要求当飞机下降到离地面 30 米时，地面飞行员根据目测通过遥控指令来操纵飞机实现着陆。在多次试飞中发现遥控是有可能的，但是成功的概率不高，还存在着安全问题。主要原因是：目测不准、系统存在延时，以及飞行员在开始阶段不适应。因此，当控制回路闭合后，加上人的环节闭合在大回路中，系统显得不稳定。为此须进一步改进系统及对飞行员加以专门训练，第二阶段试飞在国庆前夕圆满结束。指挥部决定，试飞人员返回学校休整。

（三）第三阶段试飞工作

1958 年国庆节后，院组织了一支试飞队伍继续来到首都机场进行试飞工作，目的是实现从起飞到着陆滑跑全盘自动化，实现真正的无人驾驶。“北京五号”的研制工作通过第一、第二阶段的试飞，已取得很大的进展，但要实现真正的无人驾驶尚有一段距离，如稍有隐患，则飞机可能坠毁。因此，对各系统的功能、精度和动态性能、系统间协调工作、应急措施、系统可靠性等问题，必须进行严格审定，发现问题一定要彻底解决。对于功能不全的系统和需要增补的功能，要对系统进行修改设计和研制。试飞的安全问题随着试飞着陆而变得更加严峻。当时由于从民航借调的试飞飞行员辞去了试飞飞行员工作，空军在国庆前派来了三位飞行员（其中除一位因工作需要调回外，其他两位飞行员即便在试飞工作中数次出现险情，仍坚持到最后），他们为完成第三阶段试飞起了重大作用。每次试飞回来他们都与试飞组人员一起分析讨论，并确定下一次试飞课题，发生事故后，大家一起分析原因寻找解决方案，互相鼓励，使试飞工作不至于畏缩不前，知难而退。正是有了这种不怕困难的精神，使“北京五号”的试飞工作获得完全成功。

第三阶段试飞工作主要有：

1. 起飞滑跑方向的保持问题；

2. 起飞后飞机倾斜运动的控制；

3. 遥控系统的指令正确性、系统的延时、作用距离等；

4. 遥测系统的调试、校正；

5. 下滑航向对准动态控制问题；

6. 自动着陆控制问题（包括无线电高度表的调试、试飞）；

7. 着陆后滑跑航向控制问题；

8. 复飞后系统的重新设置问题；

9. 系统的综合试飞；

10. 系统的可靠性试飞。

上述 10 项问题能否解决，是实现无人驾驶飞机的关键。在试飞中曾出起飞滑跑时有较严重的侧向偏移；起飞离地时有倾斜发生；遥控指令有串通道现象；下滑时，航向轨迹严重振荡；纵向控制过程中飞行速度过低，航向轨迹亦出现振荡现象。此外，在自动着陆过程中，出现过早失速坠地，导致起落架受冲击而错位；以及着地后飞机打转，使副翼翼尖擦地而损伤的现象。在飞机着陆后滑跑时，航向保持问题极为重要，但在设计时未考虑到。系统重新设置问题，在无人驾驶时也很重要，因为一旦飞机复飞后，系统如不能复位，便不可能重新着陆。在安全和可靠性方面，试飞中曾出现过电缆失火燃烧及电线接头因焊接剂腐蚀而断裂。上述现象的出现在一定程度上影响了研制工作的进展。

在第三阶段试飞过程中，围绕上述问题进行分析研究和修改系统设计（甚至设计新的系统），进行试飞验证和调试，经过三个月的努力，整个系统逐步趋于正常，参加研制与试飞人员的信心不断增强。

（四）真正的无人驾驶试飞

“北京五号”经过设计阶段及三个试飞阶段的工作后，系统的方案、功能已逐步完善和成熟，性能也变得良好和稳定。试飞表明：从起飞到着陆滑跑已不必有人参与，飞行员在机上只起监控作用。“北京五号”的研制任务到此已接近全部完成，并取得了宝贵的资料、数据和经验，也培养锻炼了教师和学生。

“北京五号”是否需要进行真正的无人驾驶试飞，在当时是热烈讨论的题目。一种意见是如果放“单飞”（机上没有飞行员监控）时出了故障，将造成机毁和价值几百万元的设备损坏。尤其是在首都机场上空进行这样的飞行，更要慎重对待。另一种意见是如果不放“单飞”，则表明“北京五号”的研制任务完成得不彻底。在外场工作的同志，对“北京五号”的技术状态是很清楚的，放“单飞”是有一定把握的，但也担心出意外。

1959 年 1 月，经上级领导批准“北京五号”可以在首都上空进行真正的无人驾驶飞行的试飞工作。我院院领导、系领导和试飞组决心认真执行这一有意义的任务，做到不出意外，并胜利完成任务。在向上级领导汇报“北京五号”研制成果并正式“单飞”之前，于 1959 年 1 月 31 日上午 9 点，在内部进行一次单飞试飞。

第一次单飞试飞，如期在首都机场进行，试飞课目是在机上无人的情况下进行自动起飞；遥控飞行表演（不同高度和速度“8字形”飞行）；自动对准跑道下滑飞行；进入跑道后自动着陆；在机场跑道上控制滑跑方向及制动。试飞工作得到民航局领导、首都机场领导和各部门的配合，机场派出一架“Aero-45”轻型飞机跟踪“北京五号”。这一次试飞很顺利，完全按预定试飞项目进行，“Aero-45”机飞行员不断从空中报告“北京五号”（机号848）飞行正常。最后“北京五号”平稳地降落在机场上。

第二次单飞试飞定在1959年2月4日在首都机场举行，参加观看这次试飞的领导同志有空军司令员刘亚楼上将等。但是不巧在试飞前的一次准备飞行起落中，发现自动下滑及着陆过程中情况异常。领导同志都已来到机场，正式试飞却不能按时进行，刘司令员了解到情况后鼓励地说：“不要怕，如摔了飞机再调一架飞机来。”由于故障不能在短时间内排除，只能宣布改期举行。否则在无人情况下，飞机带这种隐患起飞后，如不能正常降落，后果将是严重的。事后，检查原因是：由于下滑接收机电源线断，导致接触不良，以及无线电小高度表有不匹配现象，经过调试、排除故障后，于1959年2月8日进行第二次单飞汇报飞行。参看试飞的同志有300余人，其中包括中央各部门负责同志，如空军司令员刘亚楼上将、张爱萍上将等，我院武光院长陪同领导参看。飞行顺利进行，当“北京五号”安全着陆时，在场参看同志都很高兴。接着总设计师文传源同志向来宾介绍了“北京五号”的研制情况，带领来宾们参观了飞机及机内设备。

1959 年 2 月 15 日进行了第三次单飞汇报飞行，仍有很多中央各部门负责同志观看，如空军副司令员曹里怀等领导同志。这一次飞行也很顺利。虽然飞行中出现了一些不太正常的情况（不属于故障），但地面操纵人员根据遥测显示，冷静地做了处理，使飞行继续正常进行。

“北京五号”的试飞成功，与整个研制过程中各种决策的正确是分不开的，此外它与分阶段、分系统进行严格而有条理的试飞也是分不开。如果没有科学态度与克服困难的精神和工作干劲密切结合，像“北京五号”这样复杂而技术性强的任务，是不可能在如此短的时间内圆满完成的。当然，如果没有国内很多单位尤其是如航天五院、空军、海军和民航局首都机场等的积极支持，“北京五号”的任务也是难以完成的。

1959 年春节，试飞工作告一段落，试飞人员返校，历经近一年的“北京五号”研制工作终于胜利完成。它是我国第一架全自动化的无人驾驶飞机，也是我国航空史上的一次壮举。

学生时代我的三次实习

陈 光

陈光（1930.2—），湖北武汉人，北京航空航天大学退休教授，1955年毕业于北京航空学院发动机系，中国共产党党员，享受国务院政府特殊津贴。曾多次参与军内、外航空发动机故障分析、排除工作。作为航空工业部的“重点航空发动机型号专家顾问组”成员，对我国在研的几型重点航空发动机的研制工作进行全程跟踪，为解决研制中的一些重大问题出谋划策。

我是1950年考入华北大学工学院航空工程系的，1952年院校调整时，就成了北京航空学院三年级的学生。此时，我们班分成了飞机设计与发动机设计两个班，我被安排在发动机设计班，从此航空发动机设计成了我的终身事业。

北京航空学院成立后，我院来了大批莫斯科航空学院的专家，我们的教学计划与安排，全部照搬苏联航空院校的模式。根据莫斯科航空学院的安排，我们在五年的学习期安排了三次实习，即三年级暑假的第一次实习，四年级暑假的第二次实习，五年级上学期束后寒假的第三次实习。第一次实习是在热加工车间，第二次实习是在机械加工车间，第三次即毕业设计前的实习主要在设计科与总装车间及试车台。

1953年暑假，我们进行第一次下厂实习，这是第一次学生下到对应的工厂进行的生产实习。不仅学校很重视，当时的航空工业领导单位与工厂也非常重视。当时除了三年级的学生，许多专业课的老师也与同学一起下厂，例如郑光华老师就是与我们一起下的工厂。

在我们五年的学习中，保密一直是重点工作，实习去哪个厂、厂在何处，是绝对不能跟亲朋好友透露半点儿的，而且在进到工厂前，我们也不知道到何处、何厂。

我的第一次下厂实习（1953 年 8 月）

当我们背着铺盖卷上了火车时，还不知道火车将把我们送到何处、何厂。看到火车车窗下的牌子上写的是（北京—三棵树），当时还真的不知道三棵树是在何处（后来才知道，北京—三棵树实际上就是北京—哈尔滨，火车到哈尔滨时，旅客基本下光，只是到了哈尔滨后，火车还要开一站即三棵树，三棵树才是它的终点站）。第二天晚上到了该下站的地方，领队的老师让我们下车，下车后，我们蹬在车站前的广场上等待工厂来车接我们。昏昏沉沉的夜间，只听到前后左右传来叽里呱啦的听不懂的外国话，也不知道到了何处，好像到了国外一样。过了一会儿，来了几辆卡车拉我们的行李，只见从卡车上跳下来的人，每人腿上都套着白色裤套，一直从膝盖往下套在鞋子外面，令我们好生奇怪，后来才知道当时美国在朝鲜战场施放细菌，加上工厂内一处建筑就是日军侵华时细菌战的研发基地，为了防止带病菌的跳蚤窜到裤子里面，所以才套上白色裤套。但当我们进厂后，厂内工作人员没有穿戴那种裤套。当我们坐上工厂开来的苏式客车时，才知道我们是到了哈尔滨，第二天厂里开了欢迎座谈会（这是头一次，也是唯一的一次），才知道我们到了修理、生产苏式活塞发动机的

120厂。

我们班主要在热处理车间实习，有一天我们去参观工厂的锻造与铸造车间，这两个车间在工厂最里面，正当我们往这个车间走的途中，突然遇到同年级的飞机设计专业的同学（我们是三年级才分成发动机设计与飞机设计专业的，之前已经有两年时间我们是一个班的同学），当时我们双方都非常吃惊，连招呼都不敢打，更不敢问，你们怎么也在这里？只是低头擦肩而过，看似从来不认识的，现在回想起来，仍感到是趣事一桩。

后来才知道哈尔滨有两个航空工厂，即搞发动机的120厂，与搞飞机的122厂，两个厂的大门分别设在平行的两条马路上，而两厂的最里面却是互相掺混的，这两个厂的锻、铸等热加工车间都设在这个掺混区内。估计当时飞机设计班的同学也是去参观122厂的锻、铸车间的，因此我们两个专业的同学，才碰到一起了。

一个星期天到哈尔滨市内游览了一次，给我留下了较为深刻的印象。首先在秋林公司内，看到人们痛饮啤酒的情景。在秋林公司卖啤酒的柜台前，一些人买了大杯（一升）啤酒，就在柜台前大口大口地吞饮，也不吃下酒菜，那可是我第一次看到这种喝酒的情景，直到20年后，我已工作多年，才又感受了这种喝酒的方式，逐渐我也能大口大口地喝啤酒了。但在秋林公司看到的喝啤酒的情景，给我留下了深刻印象。

其次，在哈尔滨市内转悠时，突然见到在国内很少见到的西方教堂建筑，给我留下了深刻印象。多年以后，我去过国内许多城市，还真没有见过像哈尔滨市内有多处纯西式的建筑。

在这次实习中，学校还组织我们到长春参观第一汽车厂。当时，第一汽车厂刚刚建厂，属于苏联援建的项目，非常有名。在下厂实习中，组织学生到外地参观这恐怕是第一次。

我的第二次下厂实习（1954 年 8 月）

1954 年暑假，我们是先放暑假，然后回校参加下厂实习。暑假时我回到武汉的父母家，这是我四年大学生活中第二次回家过暑假。暑假结束的前两天，我乘火车返京，当年正是全国犯大水灾之际，火车离开汉口车站后，洪水已经漫过铁轨，火车只能在已经泡在水中的轨道上低速行驶，出了武汉地区后，铁路没有受到洪水的影响，才开始正常运行。但当火车开到邢台站时，站台宣布，由于石家庄遭到洪水侵袭，火车不能再往前开了，乘客有两种选择，一种是随此列车返回武汉；另一种是下车待在火车站，等洪水退去后再乘下趟车去北京。我当然选择了后者，因为我回校后要立即离京下厂实习。我下火车之后待在站台上（下火车的人不太多，大部分乘客选择了随车返回武汉），当时邢台火车站非常简陋，候车室很小，而站台还没有顶篷。下车后我就在露天的站台上，坐卧在我带的行李上过一夜。第二天中午，石家庄的洪水已经退了，来了一趟列车，于是我就上了这趟列车继续北上。当列车走近石家庄车站时，还能看被水淹过的痕迹。

回到学校休息一天后，我们就要乘火车去实习了。这时，我们实习的领队（班党支部的领导）让我当实习班的生活干事，主要负责下厂与回校时买火车票的任务（实习的指导老师已先下厂，在厂做实习的安排工作），这时我才知道，我们是到湖南的株洲实习，也就是我又要乘坐刚刚由武汉回北京的列车返回武汉，再由武汉乘车赴株洲。当时武汉长江大桥还没有，所以没有京广线的火车。我们只能先到汉口，渡江到武昌后，再买武昌到株洲的火车票。当时我父母的住地，是父亲工作的武汉卫生防疫站，该站就位于汉口火车站出口不到 500 米的地方，出火车站走向轮渡码头必然经过防疫站的大门，这时就有了保密的问题了，如果当路过大门附近时遇到熟人就麻烦了。因此我只能夹在同学中间并用草帽挡住我的面孔，快速走过我家门口，好在没有碰到熟人。乘轮渡过了长江到了武昌火车站，我让同学们坐在车站候车室里，我排队去买到株洲的火车票（除领队外其他同学根本不知道我们将往何处）。上了南下的火车后，本以为能顺利到达目的地株洲。

谁知道天有不测风云，傍晚时火车抵达岳阳，由于南面的洞庭湖涨水，淹没了铁路，火车不能继续前行了，到底什么时候洪水能退，火车站也无法回答。就这样，我们十几个人下了火车在岳阳街道上去找住的地方，后来找到一所小学校。正值暑假，所以学校领导很同情我们的遭遇，让我们住在一间教室内，用孩子上课的桌子拼出小床。由于保密原因，不能给学校老师讲我们是北航学生，是去株洲实习的。因此，学校老师感到这群小伙子有点神秘，于是向公安局报了案。半夜时分，来了几位公安民警，查问我们的情况，领队向民警说明了真相，我们才能安稳地待在这个小学里。第三天下午，突然传来了火车站将用小火轮把滞留的旅客转运到长沙的消息，于是我们匆匆地捆好行李向火车站跑去，挤上了小火轮（一种载客量不多有动力的小船），小火轮在黑夜中行进了大半夜（速度低），凌晨到了长沙，我们又背了行李冒着小雨赶到火车站，搭乘了早上南下的火车，火车到达株洲后，我们让同学下车坐到候车室等候。同学们当时并不知道我们已经到了实习地。

由于洪水影响了列车的运行时间，带实习的老师不知道我们何时能到株洲，所以没有来车站接我们。这时主要任务是尽快到工厂找到老师。我与领队两人打着雨伞去找 331 厂（这时我才知道我们是到 331 厂实习），让同学们坐在候车室等待。因为保密原因，不能随便找人问 331 厂在哪里，好在走了不远看到株洲市委办公大楼。我们两人找到传达室，他们告诉我们如何去 331 厂的道路，好在那时株洲还比较小。道路并不多也不复杂，我们两人沿着他们告诉的路走向 331 厂，走了近一个小时，到了工厂，几经周折才找到带我们实习的老师，最后由他们向厂里要了汽车，到火车站去接了同学。

就这样，我拥有了一生难忘的下厂实习经历。

实习期结束后，京汉线受洪水影响仍不能正常运行，所以我们只能乘火车先到南昌，转乘火车到上海，再由上海返回北京。火车到上海后，我排队买火车票，其他同学乘坐有轨电车到南京路游览。同样由于保密原因，我们队伍中有位同学是上海人，因此让他在候车室看护同学的行李，不让他离开车站，避免遇到熟人。就这样，我们在开学前安全返回北京。由于这次实习是在全国遭遇大水灾之际，我们的实习受到较大的影响，只能说是勉勉强强地完成了这次实习。

我的第三次下厂实习（1955 年 2 月）

1955 年初春节过后，我们去哈尔滨 120 厂进行第三次也是毕业设计前的实习，我们 4 个学生由王绍曾老教授带着，下厂后主要是在设计科实习，同时还参观了总装车间与试车台。在设计科实习时，我的指导老师是设计科科长王修瑞老师（后来为120厂总设计师，我们师生关系一直延续至今，他现在已经是百岁老人了，但现在我们还在微信上有联系）。王绍曾教授原来安排是一直待在厂里领导我们的实习，但是到厂不到两周由于高血压不得不先期离厂回京养病，我们实习结束后回校时，王先生还在家中养病。王先生回校后，我们只能自己管自己了。当时，我在王修瑞科长的指导下，对阿斯82发动机（活塞式发动机）的螺旋桨桨轴套齿根部裂纹进行研究分析，这也是我一生第一次进行故障分析的工作。在王科长的指导下，首先统计由于裂纹而报废的桨轴，然后对这些故障件裂纹的特点进行统计分析。最后，发现裂纹基本是由于套齿根部在转角处加工成尖角，引起应力集中，在工作中承受疲劳载荷而产生裂纹的。在参考了材料力学教科书中有关应力集中的论述后，我提出了修复这些报废桨轴的建议，即在转角处开一个浅槽，将裂纹处切掉，并增大过渡处的圆角半径。在结束实习前，完成了分析报告，得到王科长及设计科有关人士的肯定，他们认为是一篇值得重视的报告。我自己也感到高兴，通过这项工作初步锻炼了我处理技术问题的能力。

实习结束后，我们4个同学和当时在工厂实习的工艺教研室的一位老师及两位技术员一起乘车返回北京。由于我们实习的人数较少，我们离厂（平房，工厂所在地）到哈尔滨市时工厂没有派车送我们，是自己背着行李搭乘公共汽车前往哈尔滨市的。下了公共汽车后，我们7个人搭了一辆当时哈尔滨还比较多见的四轮马车到哈尔滨火车站的，乘坐这种马车是我生平唯一的一次，所以留下了深刻印象。

这三次下厂实习，给我留下深刻的印象，虽然已经过去了近70年，但许多事情想起来还是历历在目。因此，写下来，作为纪念！

蜜蜂系列飞行器研制概况

邓彦敏

邓彦敏（1949.11—），河北省保定人，北京航空航天大学航空科学与工程学院教师，曾参与“蜜蜂”系列超轻型飞行器研制。

这些年，我们共研制出十多种飞行器，这些飞行器的研制情况，简要说明如下。

蜜蜂 1 号

蜜蜂 1 号飞机是三角骨架式伞翼机，具有半封闭座舱、正常式尾翼、前三点固定式起落架。按原设计可乘坐一人，安装 26 马力航空发动机，空重 85 公斤，总重 170 公斤。该机从 1978 年秋天开始设计，五系胡继忠负责设计，李洪生、张霭琨、李有浩等参加。同年 12 月开始加工，翌年 4 月完工。此间进行了风洞试验，以简单方式做了强度试验。由于受管理方面限制，试飞时机上不能上人，只允许遥控飞行，为此，对飞机进行了改装，加了遥控设备和随动机构，并换装 15 马力发动机。

蜜蜂 1 号从 1979 年 5 月 12 日在北京通县机场开始试飞，6 月 7 日结束。试飞过程中测量了性能数据，检验了稳定性和操纵性，并进行多次飞行表演。试飞结果表明，该机性能达到设计要求。

蜜蜂 1 号的成功，对国内轻小型飞行器发展起到推动作用，也为后来蜜蜂型超轻型飞机的出现作了直接准备。1980 年该机获北京市科技成果三等奖。

蜜蜂 2 号

蜜蜂 2 号飞机是我国第一种超轻型飞机，是单座单翼机。安装 26 马力航空发动机，空重 100 公斤，总重 200 公斤，最大起飞重量 220 公斤。该机在蜜蜂 1 号基础上改进设计而成。由胡继忠主持设计，邓彦敏、张霭琨、王海文等参加。该机于 1982 年 4 月初开始设计，5 月开始加工，同时进行风洞试验，7 月中旬加工完毕。

1982 年 7 月 23 日，该机到北京沙河机场进行试飞。试飞队由设计、试验、加工人员共 10 人组成。试飞初期，还是按遥控方式进行，但由于设备质量差，飞机多次失控。这时，试飞得到五系负责人许传安支持，决定上人飞行。北京航空运动学校的飞行教练李鸿烈自愿担当试飞员。8 月 8 日，李鸿烈驾驶蜜蜂 2 号首次飞上蓝天，接着进行了包括性能数据测量在内的一系列飞行科目。之后，与中国农业机械化研究院一起，用蜜蜂 2 号进行了喷洒农药试验，取得了良好效果。飞行试验工作于 9 月 6 日结束。试飞及试用结果表明，该机性能达到设计要求，飞行品质较好。蜜蜂 2 号试用成功，引起了国内许多部门的兴趣，这展示了超轻型飞机的前景，加速了国内这种飞机发展。

该机曾出口美国。1983 年，国家科委授予蜜蜂 2 号超轻型飞机金龙杯奖。

蜜蜂 3 号

超轻型多用途飞机蜜蜂 3 号，是作为北航科研任务进行研制的。该机是双座双翼机，安装 42 马力航空发动机，空重 150 公斤，总重 300 公斤，最大起飞重量 330 公斤，最大平飞速度 95 公里 / 小时，最大爬升率 2.2 米 / 秒，最小盘旋半径 37 米，起飞滑跑距离 54 米，升限 4000 米。

该机为满足农业灭虫、空中摄影、飞行训练等方面需求进行研制。1982 年 10 月开始设计，由胡继忠主持设计，邓彦敏、张霭琨、吴永康、王贵禄、蔡伯元、徐以伟等参加。设计初期，进行了风洞试验、气动计算和强度计算。1983 年初开始加工，首批两架 6 月完工，分别用于强度试验和试飞。

1983 年 7 月 13 日，该机赴沙河机场试飞。北京航空运动学校飞行教练李鸿烈任试飞员，试飞工作按北京航空学院批准的试飞大纲进行。7 月 20 日，蜜蜂 3 号首次升空，接着进行了性能测量，关车滑翔和松杆飞行，还进行了不同地面条件的起落试验，都取得满意效果。

蜜蜂 3 号试飞后期进行试用，8 月 13 日到北郊农场喷药灭虫，8 月 22 日到十三陵上空拍摄电视片及空中观光等，9 月 9 日试飞结束。不久，该机又到江苏溧水县山区林场以及顺义县木林乡农田等地喷药灭虫，效果很好。后来还参加了电影《颤动的金翅膀》的拍摄工作。1985 年，在保定航空运动学校举办了蜜蜂 3 号空、地勤培训班，培养出国内第一批超轻型飞机驾驶员。

蜜蜂 3 号研制及试用成功，在社会上引起一股不小的航空热潮，特别是在农村。农民开始买飞机，河南新乡刘庄党支部书记史来贺率先为村里购买了一架蜜蜂 3 号。有史以来，车老板坐进了驾驶舱，农民要上天了。在这股航空热潮涌动之下，50 架蜜蜂 3 号飞机很快就销售出去了。一时间，在北京、河北、河南、山东、山西、广东、广西、黑龙江、辽宁、内蒙古、甘肃、青海、新疆、海南、江苏、浙江等地都出现了蜜蜂 3 号的身影。该机还出口到美国、马来西亚。1987 年，新西兰总理访问我国，蜜蜂 3 号飞机被作为国礼，赠送给新西兰总理。

1983 年，蜜蜂 3 号飞机通过航空工业部技术鉴定；1984 年获航空工业部新产品定型奖；1985 年获国家科学技术进步三等奖；1987 年获得中国民航总局颁发的适航性证书。

蜜蜂 3A

蜜蜂 3A 是根据用户反馈信息和新的需求，在蜜蜂 3 号基础上改进设计的。为减少飞机阻力，提高升阻比，将蜜蜂 3 号飞机的单面蒙布翼改为双面翼，并在下翼翼梢设计了翼梢端板，以进一步减小下翼诱导阻力。此外，适当减小了机翼尺寸。

该机于 1984 年研制并首飞成功，之后，由核工业部购买，用于空中遥感，取得了满意的效果。

蜜蜂 3B

蜜蜂 3B 是根据用户提出的不同使用要求，在蜜蜂 3A 基础上改进设计而成的。该机沿用了蜜蜂 3A 双面蒙布机翼设计思路，去掉下翼翼梢端板，适当加大了机翼尺寸。

1985 年，首架蜜蜂 3B 投入生产即被甘肃电视台订购，因用户使用心切，飞机出厂即装火车运走了。为做到对用户负责，我们派飞行员和技术人员随同前往。途中在兰州附近的夏宫营，人、机一同下车，在夏宫营机场完成了蜜蜂 3B 试飞。然后，飞机从该机场起飞，沿古丝绸之路，从兰州飞往敦煌。甘肃电视台时任副台长赵群力驾驶飞机进行航拍，一路风景名胜尽收镜头。不久，空中航拍电视片《飞越河西走廊》向公众播放，在影视界引起了热烈的反响。之后，蜜蜂 3B 又多次作为电视航空摄影平台，为多部电视艺术片完成空中拍摄。

蜜蜂 3C

为使超轻型飞机更机动灵活，使用维护更方便，同时提高飞机抗风能力，进一步适应多变的环境，在蜜蜂 3A 基础上，去掉下翼，更换机翼支撑系统，把蜜蜂 3A 改进设计成只具有上单翼的超轻型飞机，取名蜜蜂 3C。该机机翼展长 8.6 米，机长 6.1 米，机高 2.0 米，空重 150 公斤，总重 320 公斤，发动机功率 47 马力，最大平飞速度 120 公里 / 小时，巡航速度 90 公里 / 小时，失速速度55公里/小时，最大爬升率5米/秒，最小盘旋半径60米，起飞滑跑距离55米，升限4000米。

1989年4月，该机在北京沙河机场试飞成功。由广州航空运动学校飞行教练黄康保任首席试飞员。他沉着冷静，技术精湛，试飞结束后，黄教练说“这架飞机改得好”。之后，到场几位飞行员都先后驾机升空，均有同感。

与双翼机相比，蜜蜂3C阻力小，升阻比大，具有良好的操稳特性和失速特性以及良好的超低空飞行性能。该机一经问世便受到用户欢迎，在农业灭虫、飞行训练、空中遥感、航空运动、空中摄影等方面得到广泛应用。尤以其良好的超低空飞行性能为国内多部有影响的大型文献电视片及大型电视系列节目完成航拍，影视界人士评价“作为一种实用的航空摄影平台，蜜蜂3C为20世纪90年代的中国影视业作出了贡献”。此外，该机分别在1996年和1998年珠海航空博览会上举行的全国滑翔机及超轻型飞机锦标赛中两度获得冠军。

1998年9月，3架蜜蜂3C飞机进行了国内第一次超轻型飞机横跨中国的三机编队万里飞行。途经9个省市自治区，飞越天山，穿越黄河峡谷，跨越内蒙古高原，蜜蜂3C飞机经受了各种地形和复杂气象条件的考验，为宣传和普及航空，推动国内超轻型飞机发展作出了贡献。

1997年4月，蜜蜂3C飞机完成适航审查，获中国民航总局颁发的型号设计批准书，正式投入批量生产，曾一度售出近200架。后来，该机在浙江建德生产。

蜜蜂4号（蜜蜂3D）

蜜蜂4号飞机是为增大载重量、延长航时而在蜜蜂3C基础上改进设计的。与蜜蜂3C相比，该机翼展、机长、机高都有增大，分别为9.8米、6.8米和2.2米。空重190公斤，总重420公斤，发动机功率62马力，最大平飞速度107公里/小时，巡航速度80~90公里/小时，最大爬升率3.5米/秒，起飞滑跑距离65米，升限4000米。

蜜蜂4号于1992年开始设计，由胡继忠主持设计，雷珊文、邓彦敏、张霭琨参加设计工作。设计过程中进行了风洞试验和强度试验。1993年该机首飞成功。

蜜蜂4号研制成功后，其载重量大的特点，首先受到农业灭虫方面的欢迎。一次起飞载药量增大，作业面积增大，降低了劳动强度，提高了工作效率。用户反映，超轻型飞机的超低空飞行性能，在喷药灭虫方面具有农药有效覆盖面积大、利用率高、使用成本低等特点。因此，蜜蜂4号很快在该领域得到广泛应用。

该机多架出口朝鲜，用于飞行训练、空中观光等方面。

该机1999年1月完成适航审查，获中国民航总局颁发的型号设计批准书，之后投入批量生产。后来，蜜蜂 4 号超轻型飞机在山西大同建厂生产。

2000 年 1 月，北航蜜蜂系列超轻型飞机获教育部科技进步二等奖。

蜜蜂 6 号

蜜蜂 6 号是北京航空学院自筹资金研制的我国第一艘热气飞艇，是应飞机无法滑跑起降的边远山区需求而研制的。该艇垂直升降，有效载重 300 公斤（乘坐 4 人），最大时速 35 公里，最小转弯半径 50 米。该艇 1985 年 9 月开始设计，由胡继忠主持设计，雷珊文、张霭琨、陈为农、王秉直、杜惠芳、扈仰瀛、吴永康、罗继波、那源泉等参加设计工作。研制中进行了一系列模型飞行试验、风洞试验、静力试验和落震试验。

1985 年 12 月 20 日开始，飞艇交叉在沙河机场与北航操场进行试飞。经过地面调整、载重试验、系留飞行，之后转入操纵飞行。试飞中测量了性能数据，对飞艇进行局部改进完善。飞艇的空地勤任务，全部由轻型飞机研究设计室技术人员承担。通过试飞，大家对飞艇使用特点、起降程序、场地条件和安全要求、允许飞行的气象条件等，逐步加深了认识，掌握了飞艇鼓风、起飞、着陆的全部操作技术。试飞结果表明，飞艇性能达到设计要求，飞行平稳，操纵简便，起降场地小，运输方便。

试飞后，我们对飞艇进行了试用。1986 年 7 月，武汉电力三处，在葛洲坝 50 万伏超高压输电线路架设施工中，遇到山崖陡峭、地势险要的路段，人工无法完成。当时，每延误一天工期，损失近百万元。蜜蜂 6 号热气飞艇临危受命，赴葛洲坝在深山铁塔间展放引绳获得成功，为施工队解了难题，为飞艇架线创了先例。同年 8 月，为陕西省纺织系统所属西安、咸阳两市的 17 个工厂及西北工业学院进行空中摄像。国庆节前，蜜蜂 6 号又参加了电影《孙中山》的空中镜头拍摄，均取得满意效果。1988 年，蜜蜂 6 号赴卢森堡参加首届世界热气飞艇锦标赛，获特别奖。

1987 年 5 月，蜜蜂 6 号热气飞艇通过了北京航空学院的技术鉴定，6 月初通过了航空工业部技术评审，1987 年 8 月 8 日，该艇在航空工业部立项。

1988 年 1 月，蜜蜂 6 号热气飞艇获航空工业部科技进步三等奖。

蜜蜂 11 号

蜜蜂 11 号超轻型飞机是为满足用户对载重量更大、飞行速度更快、抗风能力更强的超轻型飞机的需求而设计的。该机参照中国民用航空规章第 23 部正常类进行设计，是串列式、单人驾驶的多用途超轻型飞机。该机具有上单翼，正常式尾翼，封闭式座舱，前三点固定式起落架，三轴操纵系统。发动机安装在座舱后侧，使用推力螺旋桨。该机采用全金属机翼，尾翼为轻金属骨架，混合蒙皮。垂直安定面前面装有背鳍，升降舵有角式气动补偿。座舱分前后两舱，前舱装有操纵机构、座椅和仪表板，后舱装有可拆卸式座椅。

蜜蜂 11 号飞机可用于农业灭虫、森林防护、空中摄影、空中遥感、航测、飞行训练、空中观光等方面。

1998 年 11 月，珠海国际航空博览会开幕在即，蜜蜂 11 号飞机、蜜蜂 4 号和两架蜜蜂 3C 飞机，成功完成了由北京至珠海的会旗传递。起飞仪式在天安门广场举行，之后，四机编队亲历了“六千里路云和月”，于航空博览会开幕前，将会旗交到珠海市市长手中，为那届博览会锦上添花。

1996 年 11 月，该机获中国民航总局颁发的型号设计批准书，1997 年 11 月，获航空工业总公司科技进步二等奖。

蜜蜂 16 号

蜜蜂 16 号是在无人驾驶直升机基础上改进设计而成的，是国内第一种共轴式有人驾驶的单座直升机。该机由旋翼系统、操纵系统、传动系统、机身、尾翼、起落架等部分组成。两组旋翼位于机身中部上方，机身前部是驾驶舱，座舱后面是减速器和发动机。为改善直升机稳定性与操纵性、提高无动力自转下滑着陆的安全性，机身后部安装了尾翼。为避免前飞时机身尾流对垂尾的影响，该机采用双垂尾。

蜜蜂 16 号单座直升机的研制，是在国家计委资助下进行，于 1996 年开始研制，胡继忠任总设计师。在研制过程中，以中国民用航空规章 CC-AR27 部为审定基础进行适航审查。

该机研制过程中，进行了大量的试验工作，装机后进行了多次地面系留飞行试验。直升机首次地面开车时，因担心出现危险的地面共振，总设计师胡继忠老师第一个上去驾机试验。起初直升机蹦蹦蹿蹿不听使唤，经数十个回合的较量，终于实现了平稳系留飞行。之后，在年轻教师陶然驾驶下又完成了多次地面系留飞行试验。确认直升机安全可靠后，于 1997 年 8 月开赴外场。8 月 12 日由原 38 军直升机大队李魁元教练驾机首飞成功，后又由宋茂森教练完成各项性能试飞。

该机最大平飞速度 132 公里 / 小时，有力巡航速度 96 公里 / 小时，最大前飞爬升率 7.2 米 / 秒，续航时间 1.6 小时。

蜜蜂 16 号直升机可用于电力线巡查、检修和排故，也可用于架线、定点监测等方面。

蜜蜂 18 号

蜜蜂 18 号是国内第一种共轴式无人驾驶直升机，是“八五”“九五”时期接续研制的国家重点项目。

该无人直升机采用共轴双旋翼布局，具有上下两组旋翼，一组正转，一组反转，产生的扭矩互相平衡，不需要尾桨。与单旋翼带尾桨直升机相比，其结构紧凑，尺寸小，悬停和中低速飞行效率高，不存在来自尾桨的故障，所以安全性好。

该机可按程序自动控制飞行，也可以遥控飞行，一般情况下，多以自主飞行执行任务，起飞着陆用遥控。

该无人直升机由直升机系统、自主导航系统、遥控遥测系统组成。直升机系统由旋翼系统、操纵系统、传动系统、动力系统、机身、尾翼、起落架构成；自主导航系统由接收机和地面基准站、导航和控制计算机等部分组成；遥控遥测系统由机载测控设备和地面测控站构成。

该机旋翼直径 5 米，机高 2.2 米，机长 3.7 米，桨叶片数 2×2，总重 350 公斤。

该机于 1992 年正式投入研制，胡继忠任型号总设计师。这是一个涉及五系、二系、三系专业范畴的项目。在研制过程中，技术人员同心协力，协同攻关，创造出适于共轴式直升机的试验设备和试验方法，经历了数百次不同类型的试验，解决了多项国内未曾遇到过的技术难题和技术关键。历经几年苦战之后，该机于 1995 年 9 月 29 日首飞成功，满足了研制任务书要求，圆满完成“八五”研制任务。在上级部门主持召开的首飞阶段技术评审会上，专家一致认为：“北航在研制共轴式无人驾驶直升机过程中，克服了时间紧、经费少、技术难度大、无技术资料可循等种种困难，发扬自力更生、艰苦奋斗的精神……完成了‘八五’研制任务，填补了国内直升机领域的一项空白。首飞结果表明，共轴式无人驾驶直升机关键技术取得了重大突破。”

“九五”时期，参研人员继续对无人直升机各系统实施进一步改进、完善、细化，逐步实现从遥控到自主，从低空到高空，从视距内到视距外的飞行；逐步从易到难，一项项达到任务书要求的性能指标。最后，终于完成极限高度、极限距离的性能试飞，所有性能全部满足了研制任务书要求。

作为实际应用，2001 年该机携带任务载荷参加第二炮兵某系统大型联试，并取得成功，为该部某型号定型作出贡献。之后，该机通过用户主持下的技术鉴定，2009 年获工业信息化部科技进步二等奖。

绚丽多姿的北航校园文化活动

张祖善

张祖善（1936.8—），浙江鄞县人，1951年前在上海复旦大学学习，1951年10月在中央重工业部干部学校学习并工作，1952年10月进入北京航空航天大学工作，先后在人事处、干部部、宣传部、社科系校史办工作。

大学校园是迷人的，大学生活又是绚丽多姿的。

20世纪50年代进入北航的大学生，大多会清楚地记得入学的情景，报到后佩戴着带有激波翼形的半球形红白相向的校徽，既对未来充满期待，又感到自豪。他们以主人翁的姿态，期望从性格、气质、情操、意志、能力等诸方面全面地塑造自己。

建校初期，北航的物质条件极差。1953年10月，师生从清华大学、北京工业学院等地集中到新校址时，到处都是建筑工地，师生往往只能在工棚中上课、做实验，没有文体活动场所和必要的设施。工会、团委、学生会都因陋就简，从实际出发组织各种文化活动。在宿舍的走廊里举办舞会及音乐欣赏，在工地上看海淀区电影公司放映队来校放映的电影，或组织到外校参加各种文艺活动，或组织师生徒步去卢沟桥、周口店、碧云寺、十三陵、妙峰山、官厅水库等地远足和举行军事野餐。翻阅当年的北航校刊，常能见到校刊上用大量篇幅介绍游览景点、行军路线，引导同学们饱览祖国大好河山，丰富生活、陶冶情操。那时校门外还不通公交车，外出都以步代车。在这种艰苦的环境下，全体师生以苦为荣，以革命乐观主义，克服种种困难。院学生会下设大活动组、舞会组、电影组、俱乐部组、社团组等，他们都努力组织多项活动。例如，电影组，学校购买了2台电影机后，配备了1名专职放映员，来回跑片的任务由同学们骑车自己承担；俱乐部组常年组织音乐欣赏活动，借场地、准备音响、借唱片、编写印制介绍音乐知识的说明以及请人讲解都得自己动手组织；社团组当时设有合唱、舞蹈、民乐、军乐等文艺团队，为了提高演出水平，他们采用请进来、走出去的办法，向总政、空政等专业文工团和清华大学学生文艺社团学习，不仅为院内师生演出，还到校外为工农兵演出。20 世纪 50 年代入学的同学，至今还记得他们在寒假由院、系青年团和学生会组织到农村为农民演出，教他们唱歌、识字，同他们劳动。每年的元旦、春节、寒假、春假、暑假及“五一”“十一”期间都要组织各种文化娱乐活动。每当新年，院系领导还下班级与同学们共同联欢。随着物质条件的改善，学校的文化娱乐活动也在逐年改善。教职工最早建立的文艺社团是工会京剧团，1955 年成立后就演出了《捉放曹》《孔雀东南飞》《凤还巢》《草桥关》等剧目，还多次下乡演出，受到群众的好评。同年 3 月，北京市高校成立新中国第一个市级大学生合唱团，由 10 多所高校的 170 余名学生组成，北航张志民等 13 名同学被吸收为该团成员。后来在该团的基础上又分别组建了大学生民歌、男声及女声合唱团，北航又有几十名同学参加。他们都是校、系、班级组织歌咏活动的骨干，使歌咏活动成为北航的优良传统，一直延续至今。

学校领导很重视群众文化生活。武光院长在 1955 年 11 月 30

日团委、学生会召开的群众文化活动积极分子座谈会上明确指出：为使学生全面发展，“不仅要积极参加体育锻炼，还要参加文化生活”“大力开展群众文化活动，丰富我们的文化生活，使航院到处有歌声”“剧团应加倍加速发展，争取在校内甚至在校外演出”。这时，活跃在全校各种社团的积极分子已增到1000多人。

1956年，院附属工厂以工人为主体的戏剧组、歌咏队、口琴队空前活跃。5月以工厂工人为主体的院地方戏剧组为师生员工演出了黄梅戏《天仙配》中的一折和独幕话剧《最后的评判》。

1956年，我院还邀请了梅兰芳剧团来校在新建体育馆演出，著名戏剧大师梅兰芳亲自领衔主演了《霸王别姬》。这是梅兰芳先生第一次来北航，也是唯一的一次演出，轰动了全校，体育馆内座无虚席，挤进了几千名师生。

1957年5月1日，工会俱乐部礼堂建成。为了丰富教职工及学生的文化生活，工会俱乐部积极组织国内著名专业文艺团体来校演出。有北京人民艺术剧院，中国青年艺术剧院，中央实验话剧院，中国歌剧舞剧院，中央歌剧舞剧院，中国京剧院，北京京剧院、评剧院、曲剧团，中央乐团，总政、海政、空政等军队文艺工作团；也有外地著名专业文艺团体，如上海沪剧院、越剧院，山西梆子剧院及河南豫剧院等。从俱乐部建成到“文革”前的10年间，演出频繁，长年不断。此外，我院还接待过越南青年文艺工作团、墨西哥民间歌舞团和苏联国家大剧院交响乐团等外国文艺团体。苏联上百人的庞大交响乐团来校演出的时候，俱乐部舞台还做了加宽处理。他们演出了多首著名歌剧选曲及芭蕾舞曲，受到师生们的热烈欢迎。

之后，中央强调大学要加强思想政治教育，组织学生参加劳动实践。1958 年学校组织师生演出队到十三陵水库和燕丹等水利工地以及到郊区人民公社慰问演出。演出队面对有上万劳动大军参加的十三陵水库劳动场面，高唱《劳动大军开到十三陵》，心情非常激动。与此同时，我院在开展教学、科研、设计、试制四结合的教学改革时，以低年级学生为主的宣传队结合型号研制活跃在各个型号的研制场所，以文艺等多种方式进行宣传慰问，创造了不少文艺节目：有反映“北京一号”上天的诗剧《“北京一号”颂》，此剧在 12 所高校会演时荣获第一名；有赞扬劳动锻炼的相声《西山劳动》和反映体育锻炼的快板剧《锻炼》；有歌颂人民公社的舞剧《人民公社好》以及大型歌舞剧《节日之夜——畅想 20 年后》等；学生话剧团还演出了话剧《降龙伏虎》。

1959 年新年春节期间，团委、学生会和图书馆举办了“文学爱好者之家”，向广大学生介绍《野火春风斗古城》《林海雪原》《苦菜花》《青春之歌》等一大批当代文学著作；工会、学生会组织文艺演出队带着京剧《蝴蝶杯》、舞蹈《春到茶山》《夫妻观灯》

等节目，去小汤山人民公社慰问农民；以后勤工人为主体的高跷、旱船队，也在校内外表演民间花会节目。“五一”春假期间，学生文艺社团赴塘沽海军某部慰问，演出了合唱《飞翔吧，红色的鹰》、女声小合唱《给边防军人的一封信》以及舞蹈《鄂尔多兹》《采茶》等节目，受到水兵们的欢迎。

在这一年里，工会话剧团异常活跃。一年中共排练了《野火春风斗古城》《白鹭》《比翼齐飞》3 部多幕话剧和 1 部独幕古装喜剧《柜中缘》，共演出 25 场次，观众达 27000 人次。为此，工会话剧团被评为校、市先进集体，于 1962 年 2 月出席了人民大会堂举行的北京市文教战线群英会。工会京剧团在此期间也排练演出了《辕门斩子》《三女抢板》等节目。

1960 年 2 月，第一机械工业部决定于当年暑假在北航举行部属 10 多所高校的体育文艺活动检阅大会。为迎接这次大会，北航成立了文艺集训部，下设合唱、民乐、管弦乐、舞蹈、话剧 5 个团，人数近 300 人。参加的学生除保证正课学习和晚自习外，下午的课余时间都用来强化文艺集训。集训整整进行了 5 个多月，因国家经济困难被迫停止，文艺集训部也随即解散。但经过半年的集训，学生的文艺活动及其水平都有了长足的进步，创作和演出了合唱《红旗颂》《反美风暴大合唱》，女声表演唱《毛主席著作是明灯》《我是银河一颗星》，民乐合奏《六十年代第一春》，舞蹈《幼芽》《民兵舞》，管弦乐《宇宙畅想》《银燕》《蓝剑》，长诗《启航》，话剧《为了六十一个阶级兄弟》《降龙伏虎》等大量具有航空航天特点、歌颂党和祖国的文艺节目。

1961 年 2 月，院党委决定，在党委宣传部下设“上天社”，统一主管院内宣传工具。由“上天社”主办的黑板报，融思想性与知识性为一体，版面活跃美观，深受全校师生的欢迎。“上天社”还与团委、工会、学生会一起举办“星期演讲会”，颇具特色。邀请的多是科技、教育、文艺界的名人，如周培源、华罗庚、曹靖华、时乐蒙、侯仁之、老舍、杨沫等，他们的讲座吸引了广大师生，每次总是座无虚席。

在 1961 年到 1965 年期间，工会话剧团为配合政治形势，继承和发扬革命传统与优良作风，演出了《红岩》《霓虹灯下的哨兵》《年青的一代》和《千万不要忘记》等多幕剧，以及《打得好》等独幕剧，在校内外获得了很高的评价。1963 年 3 月，话剧《霓虹灯下的哨兵》的剧作者沈西蒙专程来北航观看演出，亲自做了指导。4 月 26 日，总政治部主任肖华上将、副总参谋长张爱萍上将、国防科委副主任钟赤兵中将等军队领导也来校观看该剧演出。后来，该剧组在中央戏剧学院实验剧场售票公演，并在民族宫礼堂作为演该剧的唯一的业余话剧团，与当时在首都上演该剧的南京军区前线话剧团、总政话剧团等 5 个专业剧团座谈交流。

1964年3月，全院组织4056名师生到通县、密云参加为期一个月的社会主义教育运动。为配合社教运动，学校组织由18个单位23名师生业余文艺爱好者组成的演出队，仅用10个小时就排练了两个独幕话剧《箭杆河边》《岗旗》以及其他小节目，下乡做巡回演出。

在1964年国庆15周年之际，在人民大会堂正式演出大型音乐舞蹈史诗《东方红》，北航有许多优秀的合唱团员参加了这次具有历史性的排练与演出。

1965年春夏之交，为了向解放军学习，以校工会近50名歌咏及器乐积极分子为主，排练了歌颂人民解放军优秀传统作风的小歌剧《一秒钟》。这种艺术形式的演出，在北航属第一次并获得了成功。

1965年，为纪念"一二·九"运动30周年，团中央和团市委在人民大会堂联合组织了近10所高校的上千名演员，参加盛大纪念演出。彭真等中央和市委领导人观看了演出。北航在几十名同学组成的军乐团的伴奏下，由学生舞蹈团、武术队的72名同学演出了以"全民皆兵"为主题的《民兵舞》。学生社团在庄严的人民大会堂登台演出，这在北航也是有史以来第一次。1966年3月，为庆祝"三八"妇女节，由女大学生组成的女声合唱团演唱的《为女民兵题照》在中央电视台直播。

1966年6月，“文革”开始，师生业余文艺社团解体，代之以“造反派”的文艺宣传队。演出多强调政治作用，忽视了艺术性。也有少数师生曾参加第三机械工业部各单位联合举办的京剧《沙家浜》《红灯记》及首都各高校师生联合组队的交响乐《沙家浜》的演出。

1971年3月，第一届工农兵学员入学，为配合一个月的野营拉练，我校组织了近30名学员和教工参加的宣传队，在拉练途中演出。各班级在学工、学农、学军过程中，也常常排练一些歌舞节目，为工农兵演出。

1977年元旦，为纪念周恩来总理逝世一周年，以教工为主体的话剧团排练了多幕话剧《八一风暴》，之后又排演了《红缨歌》。

20世纪80年代，随着改革开放的深入，国内外科技文化信息以及各种思想文化思潮大量涌入校园，广大青年学生已不限于从课堂中、从书本上接受他们所需要的知识。由强烈的成才欲与一定的表现欲结合在一起的各种社会活动热，打破了传统的校园文化格局。一时刮起的流行通俗歌曲传唱热、经商风，使长期形成的优良校园文化抹上了一些世俗的色彩。学校在提倡“五讲四美”、防止精神污染、反对资产阶级自由化的思想指导下，努力使学生的业余文化生活不断得到充实，使情况很快得到扭转。1980年，在学生中有40多个文化科技社团，举行了各种讲座

150 多次，充实了业余文化生活。

1983 年，学校开设了音乐、美术、摄影、文学、唐诗宋词等多门文学艺术选修课及讲座，特别是以火箭专家赵元修教授为主任的音乐艺术教研室开出的《音乐理论基础——作品分析》等选修课，寓教于音乐艺术之中，深受广大学生欢迎。赵元修教授被航空航天部授予有突出贡献的专家称号。而文学艺术教研室开出的选修课《唐诗宋词》，则直接受到中共中央领导胡乔木的赞许。电视、录像、音响的发展与普及则进一步改善了学生业余生活。这一时期，学生中的业余文艺社团和学术组织得到了前所未有的发展。据 1984 年统计，院系文艺社团和学术组织共 40 余个，仅上半年举办的文学、美术、音乐、心理学、法律、新技术革命等讲座就有 150 余次。1988 年 4 月，在原大学生科协及文艺社团的基础上，成立北航大学生科文中心，共辖 24 个社团，旨在为全院同学提供一个自由交流、发展、创造之地，配合学校政治思想教育，丰富同学的业余文化生活，开辟第二个课堂，为社会培养出更多的新型人才。北航科技文化中心下设的 24 个社团为：文学社、书法社、学生广播站、记者部、公共关系协会、吉他俱乐部、外语协会、口语社、摄影协会、影视俱乐部、交响乐爱好者协会、集邮协会、美术协会、军事与战略协会、桥牌协会、围棋协会、气功协会、羽毛球协会、航模协会、小飞机协会、电子协会、计算机协会、机械设计协会、发动机协会。同一年，学生科技基金会成立，十余个学生科技社团活动场地得到优先安排，各系、教研室、实验室为学生科技社团提供了物质条件，吸引了大批学生参加活动。1991 年，校学生课外科技活动指导委员会和专家委员会的建立、学生科技成果竞赛的制度化和“冯如杯”竞争机制的引入又使学生科技文化活动有了更坚实的基础。这突破了以往学生科技文化活动以航空模型活动为主体的单一局面。

至 1992 年，一年一度的学生文化艺术节，和纪念“一二·九”文艺会演活动已成为推动学生文化活动和检阅其总体水平的重要传统活动。在广泛开展群众性文化活动基础上发展起来的大学生艺术团，包括歌舞团、合唱团、话剧社、电声乐队等，不仅为广大青年学生营造了良好的校园文化艺术氛围，而且以不懈的追求和奉献精神为北航赢得了荣誉。北航大学生合唱团自 1987 年 5 月获得北京市第一届“大学生理想之歌”合唱音乐会的一等奖后，已连续获得 1988 年 5 月举行的第二届的二等奖和 1990 年 6 月举办的第三届的一等奖。大学生歌舞团也在 1992 年 11 月第一届首都大学生舞蹈比赛中囊括了全部一等奖。

教职工的文化艺术活动也有较大的变化与发展。为了振兴京剧，工会有时还组织些清唱活动。代之而兴起的是迪斯科、交谊舞等活动在群众中开始流行。其中，中老年迪斯科队还曾参加节日联欢演出，并在市、区级比赛中多次获奖。新的文化活动形式也不断出现，如工会举办的服装服饰大赛、时装表演、演讲比赛、绘画书法展览、摄影展览等，吸引了众多的文艺爱好者。青年教职工表演的《黄河魂》《空中之花》《花箜》等舞蹈节目曾在市青年文化节、市高校、科研系统等会演中名列前茅，获得嘉奖。

从北航校园文化的历史发展中，充分反映出校园文化活动的开展对校园良好环境与风气的建设，对人才培养具有重要的作用。校园文化活动的进一步蓬勃发展，将会有力地推动我校承担的建设中国特色的世界一流大学的目标早日实现。

我校航空模型活动发展纪实（1952—1966 年）

张祖善

张祖善（1936.8—），浙江鄞县人，1951 年前在上海复旦大学学习，1951 年 10 月在中央重工业部干部学校学习并工作，1952年10月进入北京航空航天大学工作，先后在人事处、干部部、宣传部、社科系校史办工作。

我院航空模型活动在建校之初即开展活动，这是在清华大学航空工程学院和北京工业学院航空系的两个航模小组的基础上合并，并发展壮大的。

航模活动初期是以苏联高等航空院校航模活动为样板，作为一项课余研究活动来进行的，而且一开始就得到学校党政领导的重视和支持。马文副院长在 1955 年时曾对航模协会的成员说：航模活动不是可有可无的活动，它应该得到领导无条件的支持。同学们应该以克服困难的精神，把活动开展起来。

院航模协会在建立初期成立了发动机制造组、动力组、弹射组及橡筋组，显示出课余科学研究活动与专业业务学习密切结合的特点。

发动机制造小组以发动机设计及工艺专业的三年级学生为主，它的任务是研制具有优良性能的新型航模发动机。自 1955 年初寒假开始，他们以 7 个月的时间试制了一台仿苏式 Φ-15 型小发动机，其后还设计制造了两种竞速度专用的 2.5cc 发动机，并制成了测验发动机性能的简单的摇篮式、电力及转臂式三种测功器。

动力组包括竞速、自由飞、反作用发动机制造等专业组。竞速组建立于 1954 年暑假初，聘请了空气动力学教研室胡兆丰老师为指导教师。他们明确地提出了“为速度而斗争”的口号和打破 100 公里 / 小时的奋斗目标，并按 1954 年国际比赛冠军的飞机图纸制作了模型飞机，进行了风洞试验。为提高发动机的功率，又设计制作了适合航模发动机的高效率螺旋桨。终于在 1955 年北京市 2.5cc 级的线操纵竞速模型飞机测验中，以 120.8 公里 / 小时的成绩获得北京市冠军，实现了上述目标。自由飞小组主要任务是研究活塞式模型飞机的自由飞项目，为了使这种飞机有很好的稳定性、滑翔性和爬升性，他们对影响飞行的各种因素，如冲角、拉力线、拉力大小、风速、风向、出手角度以及发动机性能要求，进行研讨，研制出具有较好性能的模型飞机，并在 1955 年（或 1956 年）研制出一台适用于自由飞（装有 2.5cc 发动机）的航模飞机“自由一号”。反作用发动机制造小组，负责包括喷气式与火箭式的试验与制造。组员们在实习工厂以极大的兴趣进行试制。喷气式小组在 1955 年上半年，仿苏 6~10 制造出一台脉动式喷气发动机，经试车情况良好。固体燃料火箭式发动机小组制成了一个固体燃料火箭，并试验了火药。

弹射组是参加人数最多的一个小组，共有 128 名成员。在飞机设计教研室教师张考系统地讲授《弹射式飞机的设计》后，每人都认真设计与制作了一架模型飞机，他们不仅学会制作、试飞，而且通过对上反角、垂直尾翼、展弦比大小、弹射钩的位置等对飞机性能的影响的了解，学到了书本上不易学到的知识。

橡筋组也是成员较多的一个组，有 80 名组员，分成 24 个小组开展活动。

通过业余航模活动，航模协会的成员普遍认为航模活动对巩固所学知识、培养独立工作能力及对祖国航空事业的热爱起着重要作用。以航模发动机科研小组为例，他们运用在《发动机原理》等课中所学知识，从制定零件的工艺过程、设计夹具到加工、装配、试车都亲自动手，学到了课本上很难学到的东西。为了提高发动机性能，他们通过试验，研究发动机的外部特性、风门特性，还研究各种油类、进气冲压、进排气角度对发动机功率的影响，为设计提供根据。在研制过程中，科研小组自始至终把为祖国争取荣誉放在第一位。当他们听说从新中国成立到 1955 年，我国每年都没有参加国际航模比赛，其中主要原因是我国没有自己设计的发动机时，都憋了一口气，决心做出成绩来，为国争光。并且航模活动和其他课余研究活动还有不同的特点，它并不单纯在室内开展研究活动，而且还可以表演、比赛、举办展览。因而吸引了更多青年同学积极参与航模活动。这些也正是我院航模活动，从建校之初就得到蓬勃发展的重要原因。

为适应在全国范围内航模运动迅速发展的形势，以及参加全国性各种航模比赛的需要，1956 年 3 月 18 日，我院正式组建了航模运动代表队，由院航模会推荐的 28 名优秀会员组成，有领导、有组织、有计划地练习和提高。航模运动代表队队长为张考，副队长为陈肇和、洪家庆，下设竞速组（9人）、自由飞组（5人）、橡筋动力组（9人）、牵引组（5人）。航模运动代表队的成立，标志着我院航模运动进入新的发展时期。

航模运动代表队成立后不久，于1956年3月25日即参加了与出国队的对抗赛。5月20日又参加了北京市航空模型比赛大会，共参加了一级汽油动力自由飞、三级橡筋动力及三级牵引模型飞机等三个项目。自由飞组的运动员们，仿照了国际比赛中新式图样，赶制了四架模型飞机，采用了我院自制的小发动机和国产“和平-2”小发动机；橡筋动力组和牵引组的运动员也赶制了新飞机。为此，很多同学牺牲了休息时间，以很大的热情进行制作和准备，锻炼了队伍，也提高了水平。

8月15日航模运动代表队参加了在北京南苑机场举行的全国航空航模竞赛。在记分赛中，我院单项最高成绩为二级橡筋，获得第四名，自由飞第五名，2.5cc的活塞式竞速模型飞机测验为132.8公里/小时。在13个城市及3个航空学院的代表队中，我院名列第八。赛后，院航模代表队认真检查了失败的原因，吸取了教训，全队一致认为：这一次失败，并不会使我们丧失信心和勇气，相反会更虚心地向全国优秀的航模运动员学习，整顿我们的组织，提高我们的技术，加强对航空模型的研究工作，使我院航模运动水平赶上全国及国际水平。

为了更好地参加来年的国内外航模比赛，12 月院长会议决定：必须健全我院航模协会组织，扩大现有航模代表队队伍，加强对航模协会的领导，并责成科学研究部王俊奎副主任今后直接负责领导航模协会的工作。院部决定由史超礼副教授，梅菁华、张考、舒德坚等教师组成指导小组，负责指导航模协会活动。航模协会的干部也做了调整，由洪家庆任主任，周声谓任副主任。此外决定主楼地下室全部拨给航模协会作为活动场所。

在经过紧张而有序的准备工作后，我院航模代表队于 1957 年 8 月 18—22 日参加了全国航模比赛北京赛区竞赛。我院航模运动员罗四逐以 540 分（满分）的优秀成绩获得一级自由飞单项第一名、杨邦荣获二级牵引单项第二名、程学福获三级牵引单项第二名、周明德获三级橡筋单项第四名、张霭琨获二级橡筋第五名。我队以 2102 分（满分为 2700 分）获总分第三名。这个成绩比我院在 1956 年航模比赛大会上的成绩（1361 分）提高了 741 分，是参加这次竞赛的队中，成绩提高最快的代表队。马文副院长代表院领导到比赛地热情向院航模运动代表队的成员表示慰问与祝贺。

1958 年 6 月，为参加 8 月中旬在天津举行的全国航模分区赛，院党委就参加航模比赛的筹备工作进行了专门研究，决定加强对航模代表队的组织领导和政治思想教育，成立了以武光院长为总领队的集训领队部，马文副院长、臧伯平第二书记、刁震川院长助理、潘梁副书记、王敬明院长助理、王俊奎主任为副总领队。科学研究部李嘉瑶为代表队队长，团委军体部部长黄持民，学生会主席张朝霖为副队长，史超礼、张考、洪家庆任教练。航模代表队运动员全脱产进行集训，并成立了代表队的团支部。由于院党委和行政的重视与支持，全体队员受到了极大的鼓舞，全队在"一定要在全国航模比赛大会上力争上游"的号召下，特技竞速组、橡筋组、自由飞组及牵引组的队员们，进行认真的制作和训练。在赛前两个多月的临战准备中，队员紧张刻苦地进行训练，他们早出晚归利用清晨和傍晚的最佳飞行时间进行试飞，白天又忙于总结飞行经验、制作和整修飞机……为了取得胜利，队员们不断地探究和解决技术关键，并定出了技术指标。橡筋组为提高飞机的质量，大胆试验了一种"缝翼式"橡筋螺旋桨，来提高飞机的爬升性能。自由飞组也试验了六七种螺旋桨，以保证能爬高 100 米以上。为掌握比赛场地的气流状况，他们创造了被叫作"我们的海图"的气流状况分布图。为了保证飞机表面质量和外形美观，特技组的队员别出心裁地制作了一个简单喷漆器。队员们除了经常自我测验外，还进行在各种最坏条件下的"战斗演习"。他们把飞机拿到每秒 5 米以上的大风中和毛毛雨中进行飞行，以考验飞机的质量和性能。还假设了在多种情况下的障碍飞行，以锻炼队员的沉着和克服发生临场事故的紧张心理。与此同时，院工厂也在积极为航模代表队赶制 4 台东风 −1 号模型 2.5cc 发动机。经过院航模代表队发动机鉴定小组鉴定认为：经过四小时的长时间试车证明，这几台发动机性能良好，已与世界水平的欧洲“威不拉”发动机不相上下。

在全体队员的共同努力下，航模队 8 月在全国第一分区航模比赛上取得优秀的成绩。在比赛的 5 个项目中，我院黄作义（二级牵引）、李长洲（三级牵引）、张靄琨（二级橡筋动力）、贾德培（二级橡筋动力）、周明德（三级橡筋动力）、孙景桥（三级橡筋动力）、罗四逐（二级活塞式自由飞）等 7 名运动员获全国冠军，占全区比赛的冠军总数的 54%，做到了项项有冠军。另有两项测验项目，成绩分别为第一、第二名和第二、第三名。团体总分由于二级牵引项目失利，致使总分以三分之差，屈居亚军。我院代表队在这次比赛中，表现出的顽强的斗志和败不馁胜不骄的精神，以及团结互助、遵守纪律的作风受到了大会的一致赞扬。在全国航模比赛六个赛区成绩全部揭晓后，我院荣获总分第二，5 个竞赛项目绝对最高成绩的创造者全部是我院运动员，我代表队的成绩还远远超过了 1957 年全国冠军成绩。

1959 年的全国航空模型比赛第一分区赛在北京举行，以我院航模运动员为主组成北京航模队参加这次比赛。这次比赛的二级特技、一级和二级竞速这三个项目在我国正式比赛还是第一次，我院自行设计与制造的东风 -3 号航模发动机引起各省、市、自治区代表队的极大注意，东风 -3 号航模发动机是发动机工艺实验室于 4 月 17 日研制成功的，试车证明这台发动机容易启动，工作稳定，进气角度很大，相当曲轴转动 230° 排气角度为 158° ，汽化器是偏置式的，以加大进气道面积，减少阻力，最大马力为 0.3。用东风 -3 号航模发动机的我院运动员姚锦以 147.3 公里 / 小时的绝对优势夺得了二级竞速冠军。代表北京队的我院运动员盛焕鸣获得二级线操纵特技亚军。我院运动员罗四逐在一级竞速赛中，以 162.8 公里 / 小时的成绩获得亚军。至此罗四逐已有两个航模项目（1958 年 10 月已在自由飞项目中以 900 分达到了健将标准）通过了航模健将标准，成为我院也是首都的第一名航空模型运动健将。

1959 年 9 月，第一届全国运动会在京举行，这是新中国成立以来第一次全国规模的体育盛会，由我院运动员组成的北京航模代表队以 4587 分的优异成绩荣获全运会航空模型项目竞赛的全冠军。在五个单项中，我队陈肇和以 204.5 公里 / 小时的成绩荣获二级线操纵竞速模型飞机的全国冠军，盛焕鸣又以 1077 分的优异成绩荣获线操纵特技模型飞机的全国冠军，他们都获得了全运会的金质奖章，而且突破了全国纪录。张霭琨、李长洲又以900分（满分）的优异成绩，获得了全国亚军。值得引以为豪的是，这次比赛所使用的是由我院自行设计和制造的东风型航模发动机，这是我院航模科研水平取得丰硕之果的体现，也是全院各方面全力支持集体协作的结晶。10月8日，在北京市体育代表团的总结大会上，由于以我院运动员组成的北京航空模型代表队在全运会出色地完成了党和首都人民委托的光荣任务，特被授予“四好先进集体”的荣誉称号，盛焕鸣、罗四逐、姚锦等被授予“四好运动员”的光荣称号。

1960年1月，经国家体委正式批准，我院盛焕鸣、陈肇和、张霭琨、罗四逐、李长洲5名运动员为我国第一批航空模型运动健将。在1月8日的院航模表演大会上，国家体委代表向他们颁发了健将证书和证章，这是国家体委批准的我国首批航模运动健将。

随着我国国防体育运动的广泛开展，我院航模活动在国内影响的日益扩大，我院经常接到各地航空爱好者来信，要求举行航模表演和进行技术辅导。院航模会曾在北京市内多次到各区少年之家及中小学开展航模辅导与表演活动。1960年，在我院举办的航模辅导员训练班，参加的就有各中、小学的少先队辅导员200多人。1960年5月，国家体委和共青团中央为满足广大青少年的强烈要求，帮助各地进一步开展航空模型活动，决定于5月上旬至6月上旬派我院航模队去天津、济南、南京、上海、杭州、长沙、武汉、郑州八大城市进行表演和辅导。有4名运动健将和6名一级运动员参加。表演项目有：线操纵竞速、线操纵编组竞速、线操纵二级特技飞行、线操纵双机空战、直升模型飞机、牵引滑翔机、施放小导弹、橡筋动力模型飞机、无线电操纵牵引滑翔机、无线电操纵二级特技飞行、无线电操纵双机空战。为组织好表演和辅导活动，国家体委和团中央专门发出通知，要求各省市体委和团委及早做好表演活动的组织工作和宣传工作，动员爱好航空运动的青少年参观，并有计划地安排好辅导活动。

受国家体委和共青团中央委托，我院航模队自5月6日出发，到八大城市进行巡回表演和辅导活动，于6月28日返校。在52天中先后进行了38场表演，观众23万多人；举行了23次技术讲座，2580多人参加。航模表演引起了各地观众特别是广大青少年对航空事业的强烈兴趣，使他们大开眼界。每当表演结束时青少年们就把我院队员团团围住，问这看那，有不少还争着要我院队员签名留念，许久不散。航模队还热情地到各省市航模运动队及中小学进行座谈辅导，座谈祖国航空事业的发展前景，解答航模制作的疑难问题，赠送航模资料等。表演辅导播下了航空种子，对当地开展国防体育活动，普及与提高航空模型活动起了一定的推动促进作用，也扩大了我院的影响。

1960 年 2 月，院党委向航模会提出了“大普及、大提高”的要求。航模队据此要求成立了活塞式直升模型飞机创纪录小组，开始了攀登世界纪录高峰的历程。直升模型飞机的资料很少，参加这个小组的成员又都是青年学生，没有制作过这种飞机。但是他们有一股强烈的责任感：要把我国的航模运动水平推向世界的高峰，他们勇敢地踏上了征途。

第一次试飞，还是在寒风凛冽的严冬，在我院的滑冰场上，运动员们好不容易才把飞机发动起来，但它非但不向上升，反而侧着身子竖起来，机翼被折断了。第一架费了九牛二虎之力做起来的直升机，就这样失败了。在这以后，又接二连三地失败，飞机砸了一架又一架。有一次去西郊机场试飞，就一连摔了四架。面对重重困难，直升机小组成员毫不动摇，每次飞行失败以后，他们都围着摔破了的飞机，热烈地讨论着事故的原因，就这样失败一次讨论一次提高一次……最终，找出了影响飞行成功的关键因素。同年 4 月，在全院大搞技术革新迎“五一”热潮的推动下，直升机小组也卷入了这个热潮。他们以解决发动机的供油问题为中心，发动全组广泛地提出解决的方案。为了要突破世界纪录，就要维持发动机工作一个小时以上，这就要求油箱容量大和保证供油压力稳定。经过全组研究试验，终于制成了保证在油箱容量大大增加情况下的稳定供油，成为创造世界纪录成功的一个重要因素。为了利用清晨地面风小，气流稳定，他们通常总是在早上四五点进行试飞。一次又一次地考验自己亲手设计和制造的飞机，调整它的稳定性。

从初次失败到打破世界纪录，他们在短短四个多月的日子里，前后一共做了12架不同型式的直升机，每架飞机的试飞都在100次以上。它凝聚了集体心血的结晶和劳动的汗珠。成功，决不是偶然的。

5月18日，终于传来了创纪录的喜讯。当天上午，在北京举行的一次航模创纪录飞行测验中，院航模运动员孙景桥以91.5公里的飞行成绩，创造了活塞式发动机模型直升机直线距离的世界最高纪录（原纪录是苏联运动员饱里索夫在1959年8月创造并保持的，他的成绩是21.5公里），荣获了国家体委颁发的我国体育运动荣誉奖章。

1960年8月，航模运动员李西林又以飞行47分破活塞式直升模型飞机的全国纪录。接着航模运动员陶为礼分别在1960年12月、1961年11月创造橡筋动力直升模型飞机的距离1800米和高度116.4米的纪录。1962年8月航模运动员孙景桥、尹晶、羊湘又分别以高度159.4米、158.4米及147.6米的成绩，打破橡筋动力直升模型飞机的高度的全国纪录。在短短三年中，我院模型直升机的成绩获得大面积丰收。

与此同时，由于我院自行设计与研制的各种航模活塞式发动机也有了显著的进展，一些型号在质量和性能上接近世界先进水平，二级活塞式发动机模型飞机的圆周竞速，也有较大幅度的提高。1961 年 11 月，运动健将罗四逐又以 225 公里 / 小时，保持了全国绝对纪录；1965 年 10 月，他更以 241.6 公里 / 小时的优异成绩，超过了 1964 年在匈牙利布达佩斯举行的世界线操纵航模冠军赛世界冠军、美国运动员维涅斯基的 227 公里 / 小时的成绩，展现了我院在航模发动机的设计和制造上的实力。

1964 年 10 月，国家体委在成都举行全国航模冠军赛，我院在二级活塞式发动机模型飞机圆周竞速中以 214 公里 / 小时的成绩获得冠军，在其他两项比赛中获一项第四、一项第六，获得团体总分第二名。赛后，我院航模队 10 人（其中运动健将 5 人、一级运动员 3 人），赴重庆、武汉、南京、上海四城市进行访问、表演，历时 50 天，先后表演 31 场，观众达 26 万余人。同时，还与当地航模运动员和爱好者举行技术交流等座谈活动，对宣传航模运动、普及航空知识、扩大我院影响力起到积极的作用。

在 1965 年 9 月举行的第二届全国运动会上，北京选手、我院航模运动员、运动健将罗四逐，在二级线操纵竞速模型飞机的圆周速度竞赛中，创造了 241.6 公里 / 小时的成绩，打破了他自己在1960年创造的全国纪录，再一次蝉联此项目的全国冠军。第一次参加全国性比赛的北京选手、我院工艺系学生唐庆平，在9月12日的细雨蒙蒙中参加三级牵引模型滑翔机项目的比赛，他战胜了雨中比赛的不利条件，创造了满分（900分）的优秀成绩，获得全国亚军。北京选手、我院青年教师杨邦荣获二级无线电遥控模型飞机特技比赛的全国第四名。

我院航空模型活动从建校初到1966年，是从无到有的14年，也是欣欣向荣的14年。航模活动不仅培养了一批高水平的运动员和裁判员，也激发了广大学生，特别是航模爱好者对祖国航空航天事业的热爱，巩固并探索了所学的专业知识，锻炼了独立动手制作和研究能力，得到了从事创造性工作的激励和兴趣。后来，航模队的大部分队员成为活跃在航空、航天等教学、科研、生产战线的骨干力量，为祖国航空航天事业奋发拼搏着。

回顾这14年航模活动发展的历程，我深深感到，作为主要为航空航天部门培养人才的航空院校，应把航模活动的开展放在一个重要的位置上。这是一所跻身于世界大学之林的国家重点航空航天大学应具有的特色之一。

我热切希望北航的航模活动随着学校的发展更加欣欣向荣、蓬勃向前。